JN328794

放送英語ニュース
の
楽しい世界

目　次

はじめに　3

第1章　放送英語ニュース──「出来事をお話しする」……… 5
❶　聞いて，わかる？
❷　日本語ニュースから英語ニュースへ
❸　ニュースの形──お話の進め方　リードとストーリーライン
❹　聞いている人と，お話しする
❺　「今」を伝える

第2章　「放送のことば」とは？ ……………………………… 23
❶　新聞・ラジオ・テレビで違う伝え方
❷　放送ニュースの誕生

第3章　ニュースの約束 ………………………………………… 35
❶　事実を正確に
❷　事実？　それとも，意見？
❸　偏らない立場で

第4章　ハードル1 ……………………………………………… 79
❶　日本語と英語の違い
❷　日本語のニュースと英語のニュース
❸　翻訳の落とし穴

第5章　ハードル2 ……………………………………………… 97
❶　社会・歴史の違い
❷　文化・生活の違い

第6章 「お話の仕方」――いろいろの作戦 ……………………… 111

- ❶ 作戦－1：「ポイントにズバッと」
- ❷ 作戦－2：「要するに」
- ❸ 作戦－3：「これからどうなる」
- ❹ 作戦－4：「ちょっと前から」
- ❺ 作戦－5：「背景説明から」
- ❻ 作戦－6：「それって，何？」
- ❼ 作戦－7：「共通のものを探す」
- ❽ 作戦－8：「人はみな同じ」
- ❾ モモニュースのこと
- ❿ ニュースか小説か……「誰の目で？」

第7章 チェック，チェック，チェック ……………………… 167

- ❶ 他人の目でチェック
- ❷ ニュースルームのチェック体制
- ❸ 「ヘマ子歴伝」
- ❹ 日本の英語ニュースを外から見たら

第8章 言葉と映像 ……………………………………………… 179

- ❶ 言葉の力・映像の力
- ❷ こんな英語が書きたい

第9章 What else? …………………………………………… 189

- ❶ 表現は控え目に（Understatement）
- ❷ 聞く人への心づかい（Taste）
- ❸ 放送英語ニュースの小さな楽しみ（Humor）

おわりに ～未来へ～　　199
謝　辞　　200
参考文献　　202

はじめに

　新しい技術が新しい仕事を生む，ということがあります。私がこの30年間してきました「英語ニュースライター」という仕事は，まさにそうでした。1970年代の終わりに，音声を放送する時にできる電波の隙間を利用して，テレビで「多重2カ国語放送」が始まります。

　この技術が，英語を使って仕事をしたいと思っていた私に，面白い世界を開いてくれました。NHK「ニュース7」の英語版を書くという仕事です。NHKは1935年から，国際放送「Radio Japan」を始めていました。1981年4月からは，夕方7時の総合テレビのニュースを，2カ国語で放送することになったのです。ニュースを書くことは，報道機関の中心的な仕事です。それが，「人手が足りない」ということで，「外部の人」に開かれました。NHKは2009年2月，英語による本格的なテレビ国際放送「NHKワールドTV」を始めました。今は，全世界に向け24時間，英語放送を続けています。

　日本語ニュースをもとに放送のための英語ニュースを書くというこの仕事を通して，私は多くのことを学びました。言葉と文化の壁を越え，ニュースの橋渡しをしていくことの難しさと楽しさ。その中で，まず面白いと思ったのは，放送英語ニュースの「お話の進め方」です。お話の種類によって，いろいろの語り口で，出来事を適切な背景に入れつつ，初めて聞く人にも分かりやすく，ニュースを追っている人にも面白く，お話を展開していく工夫があります。さらに，ニュースに求められるもの（ニュースの約束・ジャーナリズムの原則）を，言葉の面で，どのように実現していくか……それに対する，英語圏の人々の圧倒的なこだわりに，私は魅せられました。

　思えば，放送のための英語ニュースは，ニュースの原則を踏まえつつ，複雑な出来事を音だけで分かりやすく伝えるため，英語圏の人々が長年工夫してきたものです。その意味で，「放送英語ニュース」は，わかりやすい，よい英語を書くための宝箱のようなものです。これを利用しない手はありません。

　「英語を書くときは，英語の発想で」とよく言われます。同時通訳者で英語コミュニケーション論の鳥飼玖美子氏は，鳩山由紀夫氏の論文「私の政治哲学」の二つの英語訳，日本語の順序通りに翻訳したものと，情報を出す順序を

英語の論理に組み替えたものをくらべ,「国内向けの論文をそのまま訳しても理解されにくい」とし,「世界に語りかけるときは,英語の論理構成で」と言っておられます(「朝日新聞」2009年9月17日朝刊)。

　でも,具体的に,どのようにして？　……私は,「放送英語ニュースの書き方を試してみたら」と,お伝えしたいのです。

　日本では今,小学校から英語を学び,会社によっては,英語が公用語のところもあります。私は中学から英語を学び,英語と悪戦苦闘し,英語を楽しみ,英語で恥をかき,英語の仕事をしながら,数々のミスを積み重ねてきました。そこで,「英語で伝える」方法を求めておられる方々に,私の歩いてきた道が,何かのお役に立つかもしれないと思いました。そして,その仕事の先に,歴史・社会・文化の壁を越え,世界に向けて「日本を伝える」という,ワクワクするような楽しい世界がありました。その楽しさもお伝えできればと思います。

　本の中で,NHK総合テレビで放送されましたニュース原稿と,2006年12月から2010年6月までNHK岡山局で放送されました,「NHKワールドモモニュース」の原稿を使わせていただいております。ご存知のように,岡山県はおいしい桃の産地です。そこから,このかわいい名前がつきました。ご許可下さいましたことを,深く感謝いたします。

　仕事を通してご指導下さいましたNHKのデスクやライターの方々に心からお礼を申し上げます。ただ,ここに書きましたことは,あくまで非力な私がそれを理解し,把握した範囲のことであり,必ずしもNHKの英語ニュースの公の立場を表わすものではありません。その意味で,文責はすべて私のものです。

第1章

放送英語ニュース
──「出来事をお話しする」

❶ 聞いて，わかる？

　放送ニュースは，出来事をお話しするものです。ラジオは音だけで，テレビは音と映像で。新聞，雑誌，インターネットで伝えられるニュースと根本的に違うのは，読み直しが出来ないことです。「今，何て言ったの？」と聞きなおすことができません。

　ニュースは，実際に起きた出来事を伝えるもの（a report）であり，作り話（a story）ではありません。そこで，ニュースに求められる約束に従いつつ，出来事を「お話のように，分かりやすく語ること（storytelling）」……　それが，英語圏の放送ニュースが目指しているものです。

　世の中の出来事は往々にして複雑です。これを一度聞いただけで分かるように話すには，工夫が必要です。その工夫の基本は二つ。一つは，文を短くすること。もう一つは，その短くした文をどのように並べるか。つまり，お話の進め方，情報の出し方です。

　放送英語ニュースの基本的なパターンは，一番大事なポイント（結論）から語り始め，理屈に合った順序，論理的に納得のいく順序で展開することです。聞いている人に，途中で，「それって，何？」と思わせてはいけないのです。このパターンは，英語ニュースだけのものとは，私は思いません。これは英語圏の人々のものの考え方，お話の進め方の基本です。

　「音声」は話した途端に消えていくはかないもの。そのはかない音声だけを使って，社会にとって重要な情報をしっかりと伝えていく。その方法を（自らの思考方法にもとづいて）追及してきたのが，英語圏の放送ニュースです。どのような目的で英語を書くとしても，放送英語ニュースがよいお手本になると考えるのはそのためです。

2 日本語ニュースから英語ニュースへ

　ニュース・ライターの仕事は，日本語ニュースをもとに，英語ニュースを書くことです。私がこの仕事をとても面白いと思ったのは，早い段階で，「翻訳する」という考えを捨てたからです。日本語原稿は私の取材メモ，これを英語で分かりやすく伝えるには，どのように書いたらよいか……と考えることにしました。

　実際，日本語ニュースを「翻訳する」だけでは，英語ニュースにはなりません。放送英語ニュースには，はっきりした形があります。そして，「ニュースの約束」（「ジャーナリズムの原則」）を英語でどのように表現するかということがあります。そこで，日本から発信する英語ニュースが，この二つを満たしていないと，「信頼できるニュース」として受け入れてもらえません。

　この章ではまず，「放送英語ニュースの形」について，第三章で，「ニュースの約束」をどう言葉で実現していくかについて，考えます。

　また，日本語ニュースは，日本の視聴者のために書かれたもの。外国の人々に伝えるときは，「これは分かっていただけるかな？」と考えることが必要です。言語・社会・歴史・文化を越えて，分かっていただかねばなりません。

　そこで，外国の視聴者に必要のない情報は省き（航空機事故の日本人被害者の数など），必要に応じて背景説明を入れます（「非核三原則とは？」など）。相手に分かっていただけるよう伝えるという点で，news writing は英語で情報を伝える最もよい方法の一つ，あるいは，translation at its best と言えるかもしれません。

3

ニュースの形──お話の進め方　リードとストーリーライン

　お話の進め方は，お話の種類によって変わります。伝えなければならない重要なニュース（ストレート・ニュース）と，情報として特に重要ではないが，面白いお話や心温まる話題（フィーチャーズ，ヒューマン・インテレスト・ニュース）に分けられます。まず，ストレート・ニュースについて考えてみましょう。その他のいろいろなお話の進め方については，第六章で。

　「結論から語り始め，論理的に展開する」……　ストレート・ニュースの基本は，これです。初めの文で，その日，その時の，一番重要なポイント，最新の展開を伝えます。リードといいます。そのあと，分かりやすくお話を展開します。ストーリーラインを作るといいます。

　では，次のニュースを，英語でお話ししてみましょう。

● 2011年5月2日（月）NHK総合テレビ，午後2時
　「アメリカのオバマ大統領は，ホワイトハウスで緊急の声明を発表し，アメリカが主導する作戦で，同時多発テロ事件の首謀者で，国際テロ組織アルカイダを率いるオサマ・ビン・ラディン容疑者を殺害し，遺体を収容したことを明らかにしました。」

用語

アメリカのオバマ大統：U.S. President Barack Obama

緊急の声明：an emergency announcement

国際テロ組織アルカイダを率いるオサマ・ビン・ラディン：Al Qaeda leader Osama bin Laden

首謀者：the mastermind, to mastermind（首謀する）

9.11の同時多発テロ事件：terrorist attacks on landmarks in New York and Washington D.C. on September 11, 2001.

第1章　放送英語ニュース──「出来事をお話しする」

次は，私が書いた英語版です。

U.S. President Barack Obama has said the United States killed Al Qaeda leader Osama bin Laden in Pakistan.
Obama made the emergency announcement from the White House Sunday night.
He said the U.S. Forces seized Bin Laden's body.
Bin Laden was accused of masterminding terrorist attacks on landmarks in New York and Washington D.C. on September 11, 2001. ###

では，どのような道筋で，このような英語版になったか，説明します。英語版を書く第一歩は，「英語ニュースの形」(「英語の論理構成」)に従って，日本語ニュースの情報を再構成することです。

初めの文，「リード」では，「このニュースのポイント」を書きます。ポイントは……「オバマ大統領，ビン・ラディン殺害を発表」ですね。

そこで，リードを書く前に，三つのことを考えます。

一つは，「ビン・ラディン」をどのような人物として紹介するか。ニュースに登場する人の名を，いきなり固有名詞で書くことはしません。「the leader of an international terrorist group」？　……ちょっと長いですね。ここは短く，「Al Qaeda leader」でいきます。ビン・ラディンという人のことはよく知られている，ということを前提に。

二つは，「アメリカが主導する作戦」とは何か。直訳して，a US-led operation とすると，「アメリカが主導し，他を伴って行った作戦」と受け取られるかもしれません。そうだったのでしょうか？　そこで，確認します。このニュースが出た後，BBC World はオバマ大統領の記者会見を流し続けています。

"Good evening. Tonight, I can report to the American people and to the world that the United States has conducted an operation that killed Osama bin Laden …."

（こんばんは。今夜，私はアメリカ国民と全世界に報告します。アメリカの実行する作戦で，オサマ・ビン・ラディンを殺害しました）

(BBC World, May 2, 2011)

「アメリカ独自の作戦」ですね。

ここにも，「翻訳」と「ニュースを書くこと」の違いがあります。「翻訳」では，日本語で書いてあることを，「正確」に反映させて書けばよいのですが，ニュースの場合，出来事は厳然と存在します。言葉を「正確に」翻訳した結果，事実と違ってしまった場合，「日本語原稿にこう書いてあった」は，言い訳にならないのです。つまり，一定の背景知識が不可欠ということです。また，文は幾通りにも読めるもの。正しい意味を読み取るためにも，背景知識が必要です。

三つは，どこで殺したか。これは日本文にはありませんが，英文では書きたくなります。その方が英文として自然ですし，後の展開を考えても，この情報は重要です。アフガニスタンで？　大統領はパキスタンと言っています。

そこで，リードです。

U.S. President Barack Obama has said the United States killed Al Qaeda leader Osama bin Laden in Pakistan.
（アメリカのオバマ大統領，アメリカがアルカイダのリーダー，オサマ・ビン・ラディンをパキスタンで殺害と発表）

ここからストーリーラインをつくります。聞いただけで分かるように，お話を展開するのです。「論理的に納得のいく順序に従って書く」と言いましたが，でも，どのようにして？　……私はアメリカの通信社，The Associated Press（AP）の助言が好きです。

"Once you've chosen the lead, think of the most obvious question it raises. Imagine that, instead of writing a story,

第1章　放送英語ニュース——「出来事をお話しする」

you're having a conversation."
（リードを選んだら，次は，それを聞いて，すぐ思い浮かぶ質問を考えます。文章を書くのではなく，会話をすると考えるのです）

　　（Kalbfeld, *Associated Press Broadcast News Handbook*, pp.78-79）

そう，「聞いている人と，お話しする」のですね。一つのお話（ニュース項目）が終わったとき，全ての質問に答えていれば，聞いている人の心に疑問を残すことはありません。

そこで，お話しします……

（オバマ大統領は，いつ，どこで発表したの？）
Obama made the emergency announcement from the White House Sunday night.
（大統領は，日曜夜，ホワイトハウスで緊急声明を発表）

ここでは，小さな単語「the」が大きな役割を演じています。「この緊急声明を」ということで，この一言が，この文をリードにつなぎます。
「いつ」は，現地時間で書きます。「日本時間で」と書いてあっても，計算します。海外にいる人が混乱するといけませんから（この点は，報道機関で独自の約束があります）。

（他に，何か言った？）
He said the U.S. forces seized Bin Laden's body.
（米軍が遺体収容）

日本語では「殺害」と「遺体収容」が一気に書かれていますが，リードでは，「殺害」だけを書きました。それが一番のポイントですから。

11

（ビン・ラディンって？）

Bin Laden was accused of masterminding terrorist attacks on landmarks in New York and Washington D.C. on September 11, 2001. ###

（ビン・ラディンは，2001年9月11日，ニューヨークとワシントンD.C.にあるビルに対するテロ攻撃の首謀者とされていた）

　ここで，ビン・ラディンのことを短く説明します。
　この段階では，ビン・ラディンは「首謀者と疑われている人」です。裁判の判決で，その罪が確定されたわけではありません。そこで，Bin Laden masterminded terrorist attacks....と断定して書くことはできません。
　また，攻撃の対象を，attacks on landmarks...とし，attacks on New York and Washington D.C.としていないのは，この事件が何だったかを考えるとき，重要と思うからです。二つの都市（すなわち，アメリカという国そのもの）を攻撃した戦争だったのか，飛行機をハイジャックし，二つの都市にある建物にぶつけたテロ，あるいは犯罪だったのか。それに予断を与えるような書き方は避けたいと思いました。

　広島や長崎に対する原爆は，atomic-bomb attacks on Hiroshima and Nagasakiなどと書きます。これは，広島・長崎という都市そのもの（日本）を攻撃した戦争だったからです。

　このような過程で作業をする時，書き手には三つの力が求められます。
① 日本文を分析的に読み，その論理の筋道をつかむこと。それがお話の「骨子」になります。
② それを表現する英語力。一定の品格をもった，分かりやすい文章を目指します。
③ 「これは，相手に分かっていただけるかな？」と考える想像力。出来事の背景，今までの展開，海外の人々に馴染みのない日本独特の事柄などは，短く説明します。出来事の意味を分かっていただくため。

第1章　放送英語ニュース——「出来事をお話しする」

　その上で，ニュースを書くとき，特に大事なのは，いつもニュースを追いかけていることです。「ニュース・ジャンキー（a news junkie—ニュース中毒）」になれ，と言われます。ニュースを追っていないと，自分にとってびっくりするようなことが，今日のニュースと思ってしまう恐れがあります。

　「7時のニュース」の英語版を書いていると，その時点で最新のニュースは，翌日の朝刊に載ることが多いです。そのとき，私の書いたリードが，新聞の見出しと同じなら，ポイントは外さなかったな，と安心しました。もっとも，報道機関によって，何をポイントととらえるか，一致しない場合も多いです。特に，世論調査の結果など。

④

聞いている人と，お話しする

　ニュースを伝えるとき，「聞いている人と，お話しする」と考えるのは，なかなか有効です。ごく普通の，わかりやすい言葉が思い浮かび，お話が不自然に飛躍するのも防げます。

　この点は，不思議に，理科系の論文を書く「コツ」に似ています。物理学者の木下是雄氏は，著書『理科系の作文技術』で，「一つの文と次の文がきちんと連結されていて，その流れをたどっていくと自然に結論に導かれるように書くのが理想」と言っておられます。（同，p.8）「聞いている人とお話しする」気持ちで書いていますと，文章が自然に展開していくのを感じます。

　例えば，次のようなBBCのニュースは，（　　　）内のような会話を交わしたと考えますと，お話がよく呑み込めます。

（リード）
How safe is space?
（宇宙はどの位，安全なのだろう？）

（どうして，そんなこと聞くの？）
Two satellites collided in space.
（衛星が二つ衝突したのですよ）

（えっ，衝突って？　どことどこの衛星が？）
The collision occurred between an American satellite and a Russian satellite over Siberia. ###
（アメリカとロシアの衛星が，シベリア上空で）

（BBC World, Feb. 2, 2009）

第1章　放送英語ニュース──「出来事をお話しする」

この「お話し作戦」は，どんな形であれ，物事を伝えるとき有効のようです。

ジャーナリストのアンドリュー・ボイド氏は言います。「たくさんの人にお話しするときのコツは，たった一人の人，あなたがよく知っていて，大好きな人と，二人だけで話していると考えることです。」

(Boyd, *Broadcast Journalism,* p.58)

ノン・フィクションの書き方の本として有名な *On Writing Well* の著者，ウイリアム・ジンサー氏も……「ものを書くことは，2人の人間が紙の上で親しくお話しすること」と。

(Zinsser, 同, p.20)

そういえば，私もみなさんと，お話ししているのですね。

ところで，「collided（衝突した）」……「その衝突は（The collision）」のように，同じ意味の言葉を展開して，有機的につないでいく……これも，文章を論理的に進める一つの方法です。

ベストセラーの推理物を読んでいるときも，この手法に出会いました。物語の初め，主人公がスコットランドの安宿に泊まる場面です……

It (The bed) <u>squeaked</u> under his weight and <u>sank</u> nearly three inches. <u>Squeaking and sinking</u> were what one got for so low a price ….
（ベッドは軋んで，10センチほど沈んだ。軋むのも，沈むのも，こんな安宿では当たり前）

(Baldacci, *The Innocent,* p.1)

❺

「今」を伝える

リードの時制

ニュースの「いつ—when」は，次の三つのどれかに当てはまります。

① すでに起きたこと
② 今，進行中
③ これから起こること

① 「直近で起きた重要な出来事」を伝えるには，現在完了形か過去形を使います。先のビン・ラディンの例では……

President Barack Obama has said that ...（現在完了形）
President Barack Obama said on Sunday that ...（過去形）

英語の文法に従い，現在完了形のときは，時を表わす言葉（on Sunday など）は書きません。過去形のときは，必要です。

大きな災害・事故・事件などは，過去形で書くことが多いようです。
A major earthquake hit eastern Japan at 2:46 this afternoon.
（今日午後2時46分，大地震が東日本に発生）

過去に起きて，今，その状態が続いているときは，現在形。
Prosecutors charge he took ten million yen in bribes.
（検察は，彼が1千万円のワイロを取ったとして起訴している）
起訴したのは過去。今，その状態が続いていて，裁判中ということです。

The Prime Minister says Japan needs corporate tax cuts to boost its economy.
(経済活性化のため，法人税減税が必要と，首相)
過去のある時点で，法人税減税を語り，今，その考えのもとに動いているわけです。

② 「現在進行中のことを伝える」には，現在形か，現在進行形を使います。
Parliament is in session to discuss a government proposal to increase the consumption tax.
(国会は政府の消費税引き上げ案を審議中)

Police are looking for a man who robbed a bank in Chicago this morning.
(警察は，今朝シカゴで銀行強盗をはたらいた男を捜査中)

③ 「これから起こること」を伝えるときは，どの程度の確率で起こるかによって，使う言葉が違ってきます。

決まっていること……
The Prime Minister is (scheduled, due) to visit the United States in October.
(首相は10月アメリカを訪問)

その他，確率に応じて，expected to, certain to, likely to… などを適宜使います。
Comet ISON is expected (is forecast) to reach its closest point to the sun on November 29, 2013.
(アイソン彗星は2013年11月29日，太陽に最も近い点に到達すると予測されている)
アイソン彗星は，太陽に最接近し，溶けてしまったようです。

The weather this summer is likely to be hotter than ever. The Meteorological Agency announced its long-term weather forecast today.
(この夏は，かってないほどの猛暑になりそうです。気象庁が今日，長期予報を発表しました)

will や shall は，特にストレート・ニュースでは，使いません。未来を予言するような感じになりますから。

また，ニュースでは，「時の一致」はしません。
(「時の一致をした場合」)：The president said he would visit Africa next month.
　　　　　　　　　　　主文の動詞の過去形に合わせて，would にする。
(ニュースの場合)：　　The president said he will visit Africa next month.
　　　　　　　　　　　「言った」のは過去。「行くのは」これから。

アメリカの三大ネットワークの一つ CBS で，長年ニュース・ライターをしていたエドワード・ブリス氏と共著者のジェームス・ホイト氏は，放送で「時の一致」をした文を聞くと変な感じがするとし，次のような意見を引用しています。

"Nothing sounds sillier than to hear some broadcaster say something to the effect that 'John Doe said he thought Christmas was a good idea.' Doesn't he still think so?"
　　　　　　　(Bliss & Hoyt, *Writing News for Broadcast,* p.73 下線筆者)
(何某が，「クリスマスは，よいアイデアだった，と思った，と言っていた」のような文を放送で聞くと，「バカなことを言って……」という気がする。「今も，そう思っているのだろう？」と。)

第1章　放送英語ニュース──「出来事をお話しする」

「Now」アングルをとらえる

　放送は「今」を伝えるメディアです。どのようなアングルで書くと，「今」がとらえられるか。次の例で，考えてみましょう。

　AMDA 津波被害のサモアへ（2009年10月13日のニュースから）
　先月の9月29日，南太平洋のサモア諸島付近で起きた大地震と津波で被災した人たちの支援にあたるため，国際医療ボランティアのグループ「AMDA」の2人が今夜，本拠地の岡山市から現地に向けて出発しました。被災地では，津波を恐れ山に避難している人々に医薬品を配ったり，医師の活動を手伝うということです。

　リードは，いくつかの可能性が考えられます。

　「AMDA の2人が，サモアに向け出発」のアングルなら……
Two people from an international medical volunteers group, AMDA, ...
① <u>have left</u> Okayama for the Samoan Islands ... と現在完了形で。
　あるいは……
② <u>left</u> Okayama <u>tonight</u> for the Samoan Islands ... と過去形で。

　この二つはいずれも，「出発した」という「過去のアングル」で書いています。

　でも，出発した結果，「今」，何をしているのでしょうか。今夜，南太平洋に向けて出発したのなら，そう，「今，向かっている」ところですね。そこで……
③ <u>are on their way</u> to the Samoan Islands ... と現在形で。

　これが，「今」のアングルですね。これをリードにします。

　（リード）

Two people from an international medical volunteers group, AMDA, are on their way to the Samoan Islands for relief

19

work after a major earthquake and tsunami there last month.
(国際医療ボランティアグループ「AMDA」の2人，先月の地震と津波のあとの救援活動のため，サモア諸島に向かっている)

では，視聴者とお話しします。

(大地震と津波って？　いつ？　どんな被害があったの？)
The earthquake with a magnitude of eight hit the Samoan Islands in the South Pacific on September 29th, triggering tsunami. At least 130 people are reported to have died, with more than 300 injured.
(9月29日，マグニチュード8の地震が南太平洋のサモア諸島を襲い，津波が発生。少なくとも130人死亡，300人以上負傷)

このような背景説明は，日本語の原稿にあってもなくても，入れます。なぜ救助に向かうのか。そこを分かってもらうため。多重の場合，英語原稿が長くなるとまずいのですが，日本語原稿には繰り返しが多いので，その時間をうまく使います。

(AMDAって何？　いつ，出発したの？)
A medical doctor and a staff member of the Association of Medical Doctors of Asia left its headquarters in Okayama tonight.
(AMDA所属の医師とスタッフ一人，今日本部のある岡山を出発)

ちょっと調べ，AMDAの正式名称，2人は医師とスタッフで，いつ出発したかを，きちっと書きます。

(どんな活動をするの？)

They are to help distribute medicines and other medical goods to people who have fled to the mountains for fear of tsunami. They are also to assist local doctors. ###
(津波を恐れて山に逃げている人々に医薬品を届け,現場の医師の活動を助ける)

東日本大震災のときも,各地からたくさんの人々が救援に駆けつけてくれました。

第2章

「放送のことば」とは？

① 新聞・ラジオ・テレビで違う伝え方

「出来事をお話しする」のが放送ニュースと言いましたが，メディアの違いで，ニュースの伝え方がどのように変わっていくか，見てみましょう。

新　聞

インターナショナル・ヘラルド・トリビューン（現在のインターナショナル・ニューヨーク・タイムズ）に，次のようなニュースがありました（2011年1月17日）。

The brother of a farmer sentenced to life in prison in central China for evading highway tolls has turned himself in to the police, an official said Sunday, in a case that triggered a massive public outcry over the heavy punishment.

用語

sentenced to life in prison：終身刑の判決を受ける
for evading highway tolls：道路通行料不払いで
turn himself in：出頭する
triggered a massive public outcry：大きな抗議の声をよぶ
heavy punishment：重い刑罰

（中国で，道路通行料を払わなかった罪で男が終身刑を受け，刑のあまりの重さに抗議の声が高まる中，その男の兄が，弟は自分の罪を被ったのだと警察に出頭してきました〈兄か弟かは不明。英語では，特定しないことが多いようです〉）

第2章 「放送のことば」とは？

41字の長い複雑な一文です。放送で読むと、息が苦しくなりますね。

ラジオ

これをラジオ用に書いてみます。背景が複雑ですので、その説明から始めます（いろいろな書き方の作戦については、第六章で）。

（リード）

Last month, a farmer in China was sentenced to life in prison for evading highway tolls ….
（先月、中国の農夫が、道路通行料を払わなかったかどで、終身刑の判決を受けました）

（すごい判決ね。それで、どうなったの？）

The heavy punishment triggered a massive public outcry.
（判決のあまりの重さに、抗議の声があがります）

（それで？）

The police say the farmer's brother turned himself in today, saying it was he who was driving the car. ###
（農夫の兄が、運転していたのは自分だったと、今日出頭してきたと警察）

長い文を三つの短い文に。各文に一つのポイント。それを分かりやすい順序に並べました。リードのあとに、四つの点があります。一つ目はピリオド。あとの三つは、一つのメッセージを伝えます……「これは、このニュースの本来のリード、つまり、「最新情報」ではありません。でも、お話を分かりやすくするため、私はこのように始めたいのです」。

テレビ

今度は、テレビ用に書いてみます。

25

（リード）（アンカー顔出し）

A new development ... in the news about a heavy punishment that triggered a massive public outcry in China .... Taro Yamada has more.

（中国で，重い刑罰で非難がまきおこった事件で，新しい展開です。山田太郎記者がお伝えします）

（VTR）（映像つきのリポート）
（判決の日の裁判所）

Q: Last month, a farmer in central China was sentenced to life in prison for evading highway tolls.

（抗議する民衆）

Q: The heavy punishment angered many people.

（警察の建物）

Q: The police say the farmer's brother turned himself in today, saying it was he who was driving the car. ###

　テレビではふつう，アンカー（ニュースキャスター）が顔を出し，記者が送ってくる「映像つきのリポート」へ導入します。ここでは，「新しい展開って，何？」，との興味を引き出す作戦を使いました（これも六章で）。

　「Q（キュー）」は，映像とナレーションを合わせるタイミングを示します。言語（日本語や英語）に関係なく，映像には映像のロジック（"visual logic"）があり，それは「自然の法則」に従うのだそうです。「時の流れ（chronological order）」に従って映像を出していくか，または，「場所（location）」ごとにまとめて伝えるか（Cohler, *Broadcast Journalism*, pp.234-235）。

　たぶんそのためもあり，日本語版がベースになっている多重ニュースでも，英語版はだいたい問題なく映像と合います（英語が長過ぎない限り）。

第 2 章 「放送のことば」とは？

> 伝え方の違い―実例

新聞と放送の伝え方の違いをよく表している分野に，死亡記事（obituary）があります。

> 新聞

● インターナショナル・ニューヨーク・タイムズから（2013年10月4日）

Tom Clancy, whose complex, adrenaline-fueled military novels spawned a new genre of thrillers and made him one of the world's best-known and best-selling authors, died on Tuesday in Baltimore. He was 66 ….

日本語訳

複雑で，ドキドキさせる軍事小説を書いて，推理小説に新しいジャンルを開き，世界で最も有名な，最もよく売れる作家の一人となったトム・クランシーが，火曜日，ボルチモアで亡くなりました。66歳でした。

これは，新聞の死亡記事の典型的な書き方です。いきなり固有名詞を出し，関係代名詞 who を使って，その人のことを長く説明した後，… died となります。主部が長い，逆三角形の文です。

> テレビ

● CBS Evening News から（2013年9月16日）

A long-time NBC News correspondent, Edwin Newman, has died.
In more than 30 years at the network as a reporter, anchor and moderator of "Meet the Press," Newman covered every major news story of his era, including the assassination of President Kennedy.
Newman was a stickler for good writing. He hated clichés and misuse of English. A sign at his door read, "Abandon

27

'Hopefully,' ye who enter here."
Edwin Newman was 91. ###

日本語訳
長年「NBCニュース」のジャーナリストだったエドウィン・ニューマンが亡くなりました。
NBCで30年以上，取材記者，アンカー（ニュースキャスター），「ミート・ザ・プレス」の司会者として，ケネディ大統領暗殺を初め，その時代のあらゆるニュースを報道しました。
ニューマンはよい英語を追求した人で，決まり文句や誤用を嫌い，事務所の扉には，「汝，この部屋に入る者，Hopefullyと言うなかれ」とありました。
エドウィン・ニューマン，91歳でした。

NBC（National Broadcasting Company）は，アメリカの三大民間ネットワークの一つ。あと二つは，CBS（Columbia Broadcasting System）とABC（American Broadcasting Company）。アメリカの公共放送は，PBS（Public Broadcasting Service）。

この例では，簡潔なリードのあと，短い文を重ね，しっかりと書かれた業績。そして，言葉にきびしかったその人となりが，どこか暖かくユーモラスな感じで伝わってきます。ひところ，I hope…のかわりに，Hopefullyと言うのが流行りましたが，やっぱり駄目だったのかとわかったりして，面白いです。

でも，ここは，「どちらの書き方がよいか」の問題ではなく，何度も読んでもらえる人が書く文章と，一度聞いただけで分かってもらわねばならない人が書く文章が，いかに違うかということです。

ところで，私のパソコンは，Tom Clancyの記事を打ち込みますと，何か不満があったのか，初めの4行の文全体に下線を引きました。このパソコンは，スペルが間違っていると赤字に，文全体が気に入らないと，下線を引きます。

第2章 「放送のことば」とは？

そこで，少し変えてみました……
A best-selling author of thrillers, Tom Clancy, has died. His adrenaline-fueled military novels spawned a new genre of thrillers and made him one of the world's best-known authors.

すると，下線がすっと消えたのには，笑ってしまいました。パソコンは賢いので，使っている人の好みに合わせてくれるのでしょうか。

CBS Evening News のアンカーだったウォルター・クロンカイトのため，長年ニュースを書いていたエドワード・ブリス氏と，共著者のホイト氏は言います……

"Broadcast writing should be the easiest, most natural writing imaginable."
（放送のための文章は，一番分かりやすく，自然なものでなければならない）
（Bliss & Hoyt, *Writing News for Broadcast*, p.3）

放送のリード

　放送のリードを考えるとき，短く分かりやすい言葉で，ポイントにズバッと切り込むことに頭をひねります。その意味で，放送リードは，新聞の「見出し」(headlines) のようなものと言われています。
　見出しに続く新聞リードには，芸術的に長く，複雑なものがたくさんありました。ニュースの Who, What, When, Where, Why, How をリードで，という考え方があったからのようですが，放送ニュースの台頭で分かりやすくなったといわれています。1969年，アポロ11号が月面着陸した時，ニューヨーク・タイムズは次のような「歴史的に簡潔なリード」を書いて，放送人をびっくりさせたそうです。

Houston, July 20 — Men landed on the moon today.
（Bliss & Hoyt, *Writing News for Broadcast*, p.6）

29

❷ 放送ニュースの誕生

戦争とメディア

　そのような放送ニュースは，どのようにして生まれたのでしょうか。

　一般に，ニュースを伝えるメディアの発達は，戦争と深く結びついているようです。アメリカの南北戦争や第一次世界大戦では，新聞が地盤を築きました。第二次世界大戦のとき，ラジオが前面に躍り出ます。

　朝鮮戦争のころ，アメリカでテレビ時代が始まり，各ネットワークは大きな撮影機具とともに，TVクルーを朝鮮半島に送ります。テントの前に皿をもって並ぶ兵士。牧師を囲んでお祈りする兵士。「何のために戦っているのか分からない」，「ガールフレンドに会いたい」という兵士たち。今の戦争報道とはひと味違った，一人ひとりの兵士の姿を伝えた優れた番組が残っています（CBSのドキュメンタリー・シリーズ，See It Nowで放送された *Christmas in Korea*（「朝鮮のクリスマス」）は，インターネットで観ることができます）。

　ベトナム戦争はテレビの時代です。戦争の悲惨な実態を生々しく伝えるテレビ報道が，戦争の行方を決めました。湾岸戦争は衛星放送による24時間ナマ放送時代を開きます。しかし，ベトナム戦争の「教訓」から，報道機関に開かれた情報は，政府によるブリーフィングと少数の記者によるプール取材のみとされ，きびしい報道規制が敷かれたといいます。

　アフガニスタン戦争・イラク戦争では，記者を米軍と同行させる「従軍取材（エンベディング）」が導入されました。しかし，これによって報道機関は抑え込まれた，あるいは，政府の広報活動に利用されたともいわれています。

ラジオ放送の始まり

　ラジオ放送は，19世紀末，電波を使って音を「広く飛ばす（broadcastする）」技術が発明されたのが出発点です。1906年のクリスマス・イブ，世界初の

第2章 「放送のことば」とは？

ラジオ公開実験で，アメリカ東海岸を航海中の船に，聖書を朗読する女性の声とクリスマスキャロル，そしてバイオリンの演奏が届きました（河村雅隆，『放送が作ったアメリカ』，p.37）。アメリカでは，1929年の大恐慌以来，ラジオは手軽な娯楽として急速に広がります。

ラジオニュースは，初めは rip and read といわれ，通信社がティッカーという機械で新聞用に送ってくる記事の紙を，アナウンサーが引き破り（rip），マイクの前で読んでいました（read）。でも，これは読むために書かれたニュースで，声で伝えても分かりにくいものでした。

1941年，CBSのポール・ホワイトは，放送ニュースを分かりやすくするため，社内用に小さなスタイルブック，『Radio News Writing』を書きます。ポイントは二つ，Is it listenable?（聞きやすいか？）と，Is it clear?（分かりやすいか？）。「デスクの第一の義務は，今のニュースは何のことだ？ という苦情の電話がかかってこないようにすること」と書かれているそうです（Bliss & Hoyt, Writing News for Broadcast, p.5）。

この社内スタイルブックは，1947年，アメリカ初の放送ニュースの本，『News on the Air』として出版されます。ホワイトは，第2次世界大戦の報道を指揮しながら，コロンビア大学ジャーナリズム学部で教えていたのです（同，p.xii）。

これより先，1930年，CBSの創設者ウイリアム・S・ペイリーは，ニューヨーク・タイムズのデスク，エド・クローバーを引き抜き，ラジオで放送するニュースの原則について検討させました。その結果，以後長くCBSニュースの報道基準となる基本原則が打ち出されます。「私たちは，ニュース報道に個人的な意見を差し挿まないことで一致した。論評は，ニュースと完全に分けること。公正に，バランスをとって。論争になっている問題の一方を伝えたときは，他方も同じ長さで伝えること」（William S. Paley, As It Happened, pp.119-120, Bliss が Now the News, p.26で引用）。

そこで，1939年ヨーロッパで第2次大戦が始まったころ，これをラジオで伝える体制は，ほぼ整っていたといえます。そこに登場したのが，「放送ジャーナリズムの父」といわれる，エドワード・R・マロー（Edward R. Murrow）です。

エド・マロー

「アメリカの片田舎からきたこの青年のどこに，のちに放送ニュースの伝説となったあのエド・マローを生み出すものがあったのだろう？」……これは，アメリカの公共放送 PBS 制作のホーム・ビデオ・シリーズ，「American Masters（アメリカの偉人たち）」の中のマローの伝記，*Edward R. Murrow: This Reporter*」（1991年）のオープニングです。マローはラジオニュースの解説部分で，"It seems to this reporter…"」とよく言っていたからです。

マローは1908年，ノースカロライナ州の小作農家の3男に生まれました。6歳の時，一家は太平洋に面したワシントン州に移り住みます。材木伐採場で働いて学費をため，ワシントン州立大学に学びます。スポケーンから車で1時間ほどの，広大な平原の小高い丘の上に建つ大学です。専攻はスピーチ。ここの恩師と，子供のころ，信心深い父母のもと，毎晩朗読して覚えたキング・ジェームス版の聖書が，その言葉の感覚を養ったといわれています。

1938年，CBS ロンドン支局でトーク番組を担当していた時，ヒトラーの軍隊がオーストリアに向け進軍中と聞き，急遽ウイーンに飛びます。そこから，ドイツ軍の到来を待つ市民の不安を，ラジオでアメリカに伝えました。四半世紀に及ぶ輝かしい放送ジャーナリストとしてのキャリアの始まりでした。

以後，マローは毎晩「This … is London.」のオープニングとともに，戦争の現況や，空襲下のロンドンで戦火に耐える人々の様子を伝えます。鋭い直感でとらえた状況を，分かりやすい，自分の言葉で伝えました。

マローの放送の一つです。

● 「ライプツィヒの占拠」（1945年4月22日）

"Tell them resistance was slight." That's what a GI shouted to us as we entered Leipzig. There were two tankers dead at the corner. Somebody had covered them with a blanket. There was a sniper working somewhere in the next block. Four boys went out to deal with him. Then, there was silence …."

（「抵抗は少なかったと言ってくれ」，私たちがライプツィヒに入った時，米軍兵士は言った。街角に，戦車隊員が2人死んでいた。上に毛布が掛けてあった。近くで，ドイツの射撃手が撃ってきた。兵士4人が行って，対処した。そして，静かになった。……）

(Bliss, ed. *In Search of Light, The Broadcasts of Edward R. Murrow 1938-1961,* p.95)

　短い文章，分かりやすい言葉に注目して下さい。これこそ，耳から伝える放送ニュースの真髄です。

　連合軍がドイツの都市，ライプツィヒを占拠したときの様子を伝えたものです。午後4時45分攻撃開始。米軍は車道に縦に，13台の戦車と5台の高速駆逐戦車を並べ，185人の兵士がその横を歩き，ドイツ兵の機関銃とバズーカ砲の銃撃の中，900メートル先の公会堂まで進み，市を占拠しました。公会堂に着いたとき，戦車は弾痕と血で覆われ，兵士は68人に減っていました。"Tell them resistance was slight." という言葉が，胸を打ちます。

　ジャーナリストの玉木　明氏は，「いま・ここ・わたしこそが，ジャーナリズムの原点」と言います（玉木，『ニュース報道の言語論』，p.260）。同じくジャーナリストのデイビッド・ハルバースタム氏も，「最上のジャーナリズムは，優れて個人的な技（わざ）」（Halberstam, *The Powers That Be,* p.132）と言います。もしそうなら，マローはまさにそのような技（状況を見極める直観力，出来事の意味をつかむ歴史観，そして，それらを分かりやすく伝える表現力）をもち，それができる絶好の場（戦場）にいて，目の前に展開する歴史上の大事件を伝え続けたのです。

　私が仕事を始めたあと，湾岸戦争，アフガニスタン戦争，イラク戦争が勃発しました。特派員が送ってくるニュース原稿を英語で書きながら，いつも頭をよぎったのはマローの戦争報道です。あのように書きたい……と。でもそれは，所詮，柳に飛びつこうとするカエルのようなものでしたが。

第3章

ニュースの約束

ニュースを「お話しする」とき，「ニュースの約束」（ジャーナリズムの原則）を守らねばなりません。報道は民主主義社会を支える柱の一つです。世の中の動きを監視する役割を担い，有権者の投票行動に影響を与えます。
　また，難しい定義は別として，ニュースは，大方，誰かの bad news です。そして，多くの場合，それが確定されない段階から伝え始めます。そこで，「伝えられる人」の立場を考えて，語ることが大切です。
　そこで，ニュースに求められるものを，「事実を正確に」，「事実と意見の峻別」，「偏らない立場から」の三点にしぼり，言葉という点から考えます。

第3章 ニュースの約束

① 事実を正確に

　事実を正確に伝えることは，ニュースの基本です。何が起きたかを正しくつかみ，それを正確に表現しなければなりません。取材をする記者の方々は，何が起こったか，幅広い観点から状況を見極めようとするでしょう。私たちライターの素材は，それに基づいて書かれた日本語原稿です。そこで，その意味を正しく読み取ることが出発点です。

　このこと自体簡単ではありません。でもとても大切なことです。「自分がわかっていないと，相手に伝わるはずはない」（池上彰，『伝える力』，p.18）からです。

　またどんな言語でも，文はいく通りにも読めるもの。その中で，正しい意味を読み取るには，歴史や社会の仕組み，ニュースの動きについて，一定の背景知識が不可欠です。

　それを踏まえた上で，ここでは英語について考えます。日本文の意味を正確に読み取ったとして，それを正しく反映する英語を書くには，英語の単語の微妙な意味の違いをつかみ，文法的に正しい文を書き，書いた文が思わぬ意味を伝えていないか，確かめなければなりません。

単語の意味

　まず，単語がカバーする意味を，正しくつかむことが大切です。ニュースによく出てくるいくつかの例をあげてみます。

「衝突する」……

　　collide, crash, clash はいずれも激しくぶつかることですが……
　　to collide, collision は，動いているもの同士の衝突。
　　Two trains collided head-on.（列車が正面衝突）
　　a rear-end collision（追突）
　　to crash は，動いているものが静止したものにぶつかったとき。

37

The plane crashed.（飛行機が墜落）

これは，「地面」は動かない，との感覚でとらえた言い方です。

でも，地球も宇宙を動いている惑星ですから……

a collision of a comet with the Earth（彗星が地球に衝突）

to clash は，意見の衝突や争い。

a clash of cultures（文化の衝突）

Demonstrators clashed with security forces.（デモ隊が治安部隊と衝突）,

In the United States, the Democrats clashed with the Republicans over President Obama's health-care act.（アメリカでは，民主党と共和党が，オバマ大統領の医療保険制度改革法で衝突）

「負傷する」……

wounded, wounds は，銃や刃物による暴力で傷ついた時や，戦争などでの負傷。

injured, injuries は，階段から落ちるなど，事故での負傷。

「備え（防災）」と「防止」……

preparedness は，地震や台風のように「予防」できない事態に備えること。

earthquake preparedness（地震への備え）

to prevent は，人力で防ぐことができるものについて。

crime prevention（犯罪防止），

We should have done something to prevent such an accident.
（あんな事故を防ぐ方策をとっておくべきだった）

「被害」……

damage は，建物，橋，道路などへの物的被害。

人的被害を伴った場合は，casualties (or loss of life) and damage。

The Great East Japan Earthquake caused heavy damage and many casualties in the Tohoku region.（東日本大震災は，東北に多くの被害と死傷者をもたらした）

「死傷者」……

　casualties。戦争や災害，事故などで亡くなった人（killed, dead），怪我をした人（injured, wounded），行方不明になった人（missing）のこと。負傷者だけのときもあります。死者だけのときは使いません。政府やメディアは，それぞれ異なる目的で，この言葉を好んで使うといわれています。政府は，戦死者が多いことを隠したいため，メディアは人的被害の大きさを強調したいため。

　Truth is the first casualty of war.（真実は，戦争の最初の犠牲者）という名言があります。戦争がはじまると，当局の発表が「真実」かどうか。また，1990年の湾岸戦争以来，不思議な「婉曲表現」がメディアに広がっているとか。爆撃で市民が殺されることは，collateral damage（付帯的損害）。友軍による誤爆は，friendly fire。このような表現や，テレビゲームのようなピンポイント爆弾の映像が，戦争の実態を見えにくくしているという見方があります。（Hoskins, *Televising War from Vietnam to Iraq,* p.89）

「家が壊れた」……

　The house was damaged. は，被害は受けたが，家の原型は残っているとき。

　The house was destroyed (demolished). は，完全に破壊された時。そこで……

　The house was totally destroyed. は，同じことを2度言っているようなものです。destroy の中に，totally（完全に）の意味が入っています。被害が広がっていても，damages と複数にはなりません。damages は，民事裁判などで求める損害賠償金のことです。

「認める」……

　to admit は，よくないことを，いやいや認めること。

　to acknowledge は，単に認めること。

　to confess は，罪を白状すること。「この言葉を使う時は，名誉棄損で訴えられないか注意せよ」と，どこかで読んだ記憶があり，私は怖くて使ったことはありません。

「窃盗」と「強盗」……

　theft や to steal は，盗み，窃盗など，単純に物を盗むこと。

　robbery は，暴力を使ったり脅したりして，奪うこと。

　これはよく知られていると思いますが，これを動詞に使った時，何を目的語にするか，注意が必要です。

　John Doe robbed <u>the bank</u> of ten million yen. 銀行から1千万円強奪。
（被害にあったところが目的語）

　Jane Doe stole（steal の過去形）<u>money and jewels.</u>
（盗まれたものが目的語）

「殺人」……

　murder は，謀殺。殺意を持って計画的に人を殺すこと。

　manslaughter は，故殺。計画的な殺意なしに，一時の激情などで人を殺した時。to kill はこの両方の動詞として使えますが，to murder は謀殺だけ。「業務上過失致死罪」とその英語訳，professional negligence resulting in death には，以前から戸惑いを感じていました。主婦がそれと知らずに毒キノコを料理して人が死んでも，あずかっていた子供がお風呂でおぼれ死んでも，「業務上過失致死罪」。なぜ，「業務上？」というわけですが，この場合，職業上のことをいうのではなく，「社会生活を行う上で反復・継続して行っていること」の意だそうです。そうなると，別の翻訳例，causing death through negligence in the pursuit of social activities の方が，ぴったりしますね。

　でも，ちょっと長いので，例えば，involuntary manslaughter と言えないかと考えたことが，何度かあります。この用語の定義の一つに，「<u>適法な行為</u>を行っている際，不注意（過失）によって人を殺してしまった場合」とあるからです。でも，これはあきらめました。もう一つの定義に，「重罪に至らない<u>不法な行為</u>で，故意なく人の死を発生させた場合」とあるからです。（田中英夫編集代表，『英米法辞典』，p.471）国によって立法体系が違うので，「分かりやすさ」だけを求めるのは危険と気がつきました。

「脅すこと・恐喝」……
　　extortion は，暴力や脅迫で，他人から財物を奪い取る犯罪。
　　blackmail は，相手の秘密をばらすぞと脅して，金品を奪うこと。

「検挙」と「逮捕」……
　　to detain は，交通違反などで，逮捕状なしに，身柄を拘束すること。
　　to arrest は，裁判所が発行する逮捕状（an arrest warrant）をもとに，警察が逮捕すること。

「判決」，それとも「評決」……
　　a ruling は，裁判官が下す「判決」。
　　a verdict は，英米などの裁判制度で，陪審員が下す「評決」。
　　日本で，「裁判員裁判」が下す判決は，a verdict でしょう。

「責任がある」……
　　刑事事件での有罪判決は，guilty 。（多くの場合，刑務所に収監される）
　　民事事件での責任認定は，liable。（損害賠償金の支払いを命令される）
　　He was found guilty on a murder charge.（殺人罪で有罪）
　　He was found liable for damages for causing an auto accident.（自動車事故を起こして，損害賠償金支払いを命令された）

「刑務所」「拘置所」……
　　a jail は，罪の軽い人が入る刑務所。
　　a prison は，罪の重い人が入る刑務所。
　　a detention center は，裁判前の人が留置される「拘置所」。

「名誉棄損」……
　　a libel は，書いたものによる名誉棄損。
　　a slander は，しゃべった言葉による名誉棄損
　　放送による名誉棄損は，a slander です。

「争い」いろいろ……

 a rift は，重大な意見の違いによる断絶，分裂。
 a conflict は，国，グループなどの間の紛争。
 a dispute は，論争。
 a squabble は，大した問題ではないことの口げんか。

「重症」と「重体」……

 in a serious condition は，「重症」。
 in a critical condition は，「重体」。この二つ，間違えると大変です。

「奨学金」と「学生ローン」……

 a scholarship は，勉強するために与えられる奨学金。返還不要。
 a student loan は，学生が借り入れ，卒業後返還する貸付金（ローン）。
 日本育英会の「奨学金」は，卒業後返還なので，student loans です。

「疑っているの？　いないの？」……

 to doubt は，そんなことがあるだろうかと疑う。
 to suspect は，そうではないかと疑う。この二つも，間違えると大変です。
 I doubt she told a lie.（彼女が嘘をついた，とは思えない）
 I suspect she told a lie.（彼女は嘘をついたのだ，と思う）

「来て欲しい」「来るよ」「来るのに備える」……

 to hope は，そうなるといいなあ，という気持ち。
 to expect は，当然そうなるものと予期すること。
 to anticipate は，そうなると予期して，それに備えること。
 I hope he will come.（来て欲しいなあ）
 I expect he will come.（彼は来るよ，当然来るはず）
 She anticipated his visit and prepared food.（彼が来ると思い，食事を用意した）
 （＝She thought he would come and prepared food.）

「人員削減」……

　to downsize は，経費削減のため，会社その他ビジネス関係での人員削減。
　to reduce は，一般的に数を減らすこと。
　Company A has announced a 4,000-job downsizing plan.
　（A社は，従業員4千人削減計画を発表）
　The United States is reducing its combat troops in Afghanistan.
　（アメリカは，アフガニスタンにいる戦闘部隊を削減中）
　私は，沖縄の米軍削減希望についてのニュースを書いている時，何かで読んだ downsize を使ってみたくなり，Okinawa wants the United States to downsize its troops in the prefecture. と書き，リライターに送りました。リライターとは，英語を母国語とする人で，ニュースライターが書いた英文をチェックします。
　すると，リライターが飛んできて，「downsize とは，最近出てきた，ちょっとしゃれた言葉だが，会社の人員整理だけに使うもの。米軍の人員削減などには決して使えない」と叱られました。downsize が reduce に直されていました。

「カメラマン」と「写真家」……

　a cameraman，又は a camerawoman は，動画（映像）を写す人。
　a photographer は，静止画（写真）を写す人。

「与党」……

　the governing party。私が仕事を始めたころは，the ruling party　が普通でした。今は，the governing party が一般的です。to rule は，「支配する」という感じがするからです。to govern は，法や民主主義の法則に従って「統治する」の意。

「公務員」・「官僚」……

　a government official は，政府の役人，国家公務員。
　a bureaucrat も同じですが，英英辞書（Oxford Advanced Learner's

Dictionary）によると，a bureaucrat は，"often disapproving"（否定的な意味で使われることが多い）とあります。言葉が approving か disapproving か，そのようなことを教えてくれるのが，英英辞書のよいところです。よく似た言葉を，「否定的ニュアンス」と知らずに使ってしまうと，誤解のもとですから。

「言う」と「示唆する」……
　to say は，言ったことをそのまま伝える時。
to indicate は，言葉ではっきり言ったわけではないが，そう言ったと受け取られる時。

「more unique」ってある？……
　unique は，「唯一の」という意味です。そこで，very unique や，これを比較級や，最上級にして，more unique, the most unique と書くのは変です。

「percent と percentage point」……
　合格者数が100人から50人に減ったのは，50 percent の減少。
合格者の割合が50パーセントから35パーセントに減ったのは，15 percentage points の減少。percentage points は，％になった数字同士をくらべることです。

「～によると」……
　「A社によると……」,「政府によると……」等々，この言葉はニュースによく出てきます。すぐ頭に思い浮かぶのは，according to かもしれません。でも，放送英語ニュースでは，これは普通使いません。（Evensen, ed. *The Responsible Reporter,* p.136）
　Company A says... The government says... のように言います。これにはいくつかの理由があります。①人がお話しする時，according to とは，滅多に言わない。② says の方が短い。③ according to には，「私は本当かど

うか分からないけど……」という感じがある。特に③の理由で，同じ報道機関の記者が伝えることに，according to を使うのは変です。

「to table a proposal」って？……

　たまに，アメリカとイギリスで，同じ単語で意味が違うときがあります。to table a proposal は，イギリスでは「提案を提出する」。アメリカでは，「提案を棚上げする」。ここは誤解のないように，to submit a proposal（提出），to shelve the proposal（棚上げ）と書きます。

　この他，特にニュースという観点から，微妙な意味をきちんと書きわけなければいけない言葉は，数限りなくあります。

文法

　昔，南太平洋のタヒチ島から，カタマランという小さな船に乗って，ハワイを目指した人々は，竹で丸い皿のようなものを編み，そこに貝殻で北斗七星の形を作り，それを天空のその星座に合わせ，ひたすら北を目指し，首尾よくハワイに着いたそうです。

　外国語として英語を学んでいる私たちには，文法とは，まさにその貝殻の地図のようなもの。これがなくては，目的の地に到達できません。ここは，「お互いに，がんばりましょう」の言葉と共に，すばらしい a little book を推薦させて下さい。William Strunk Jr. and E.B. White の *The Elements of Style* です。食パン一切れくらいの小さな本で，バッグに入れて持ち歩けます。迷ったとき，魔法のように答えが見つかります。ごちゃごちゃした文を，すっきりした文にするコツも，教えてくれます。

何が言いたいの？

　文法的に正しい文を書いたとしても，書いた文が思わぬ意味を伝えてしまうことがあります。

　「この夏の日本のビール消費量は過去最高」というニュース。Japanese consumed a record amount of beer this summer. に，イギリス人のリライターが異議を唱えました。「僕の飲んだビールはどうなったの？」主語を

Japaneseにしたのがまずかったのですね。日本にいる人全員が日本人ではありませんから。

　リライターは，Beer consumption in Japan hit a record high this summer. と書き直しました。

　どちらの意味にも取れる書き方があります。

　The White House said President Obama will visit Canada today. は，The White House said today that… (ホワイトハウスが今日発表したのか），President Obama will visit Canada today. （大統領が今日カナダに行くのか？)

　He is a foreign car dealer. は，a dealer of foreign cars（「外車」のセールスマン）か，a foreign dealer of cars（「外人」の車のセールスマン）か。

　The man was shot to death. が，私が思っている意味とはまるで違うことを，優秀な帰国子女の方から学びました。私は，「男が撃たれて死んだ」と思っていたのですが，本当は，「何発も撃たれて，とうとう死んだ」ということ。1発で死んだ時は，The man was shot dead., The man was shot and killed., あるいは，The man was fatally shot. です。

　The woman shot the man. は，女が男を撃って，弾が当たったこと。The woman shot at the man. は，男に向け銃を撃ったけれど，当たらなかったか，当ったかどうか，分からないとき。

　1963年，ケネディ大統領がテキサスのダラスで暗殺された時，通信社 United Press International（UPI）は次のような第一報を送りました。

── "Three shots were fired at President's motorcade today in downtown Dallas. （ダラス繁華街で今日，銃弾3発が，大統領の車列に向かって撃ち込まれました）(Bliss, *Now the News,* p.336)

　車列に向かって銃が撃ち込まれたが，誰かに当たったかどうか，分からない段階での第一報です。プール取材の車で追走していたUPIの記者が，銃弾の音を聞いた瞬間，電話をわしづかみにして報告。UPIが各報道機関に伝えたものです。(同)

　3分後，"Kennedy seriously wounded perhaps seriously perhaps fatally by assassin's bullet." と，多少混乱した速報が，UPIから各報道機

関に入り，CBSでは，社でサンドイッチの昼食を食べていたウオルター・クロンカイトがこれを読み，すぐテレビで音声だけで伝えました―"...The first reports say President Kennedy has been seriously wounded by this shooting."（第一報では，大統領は重傷）

ダラスでは，CBSダラス局長だったダン・ラザーが，あちこちに電話をかけまくっており，仲間の記者に電話しているつもりで，「大統領は亡くなったよ。病院の2人がそう言っている」と話すと，これがたまたまニューヨークのCBSラジオのデスクにかかっていた電話で，CBSはこの「誤解のおかげで」，他社より17分も早く「ダン・ラザーが，ケネディ死亡を確認」と報道したそうです。放送を聴いたラザーは，「間違いだったら，どうしよう」と肝を冷やしたとか。（同，pp.336-337）

いずれにしても，このようなニュースでは，最も重要な点を最速で伝えねばなりません。でも，間違っていては，何にもなりません。atのような小さな言葉も重要です。

小さなofがあるかないかでも，意味は変わります。

The Committee unanimously approved the plan.（委員会は，全会一致でその計画を承認した。）これは，正式に承認したこと。

Do you approve of my plan?（私の計画を認めてくれる？）to approve ofは，個人的に，認めるかどうかということ。

代名詞が誰を指すのか，分からないような書き方をしてしまったときがあります。高校生が，老女から鞄をひったくろうとしている男を捕まえ，警察に引き渡した話です。

The students handed the man over to the police. They said the man is a school teacher from their neighborhood.

この文を読んで，我ながら愕然としました。Theyとtheirは誰のことか。The students, それとも, the police? 大急ぎで，次のように書き変えました。The students handed the man over to the police. The police later told the students that the man is a school teacher from the students' neighborhood.

"Don't use pronouns such as 'he, she, it, they, or them' in news copy….The reporter should get into the habit of repeating the proper noun."「ニュースでは，「彼」，「彼女」，「それ」，「彼ら」のような代名詞ではなく，固有名詞を繰り返す習慣をつけよう」(Evensen, ed. *The Responsible Reporter,* p.136) とのご教訓もあります。

「彼は知らないと言っている」は，He says he doesn't know. と，He denies knowing. では，状況が違います。前者は，「知っている？」と聞かれて，単純に「知らない」と言っているとき。後者は，誰かに，「お前は知っているだろう」と追及されて，「いや，知らない」と否定するとき。

単語や文の意味と用法を確かめるとき有用なのが，「Learners'」(学習者用) とある英英辞書です。例文が載っていますので，使いやすいです。ぴったりの言葉を捜したいとき，私が重宝しているのは，『*The Oxford American Writer's Thesaurus*』です。

BBC ギリガン記者の場合

言葉を正確に使わなかったため問題が生じるのは，異なる言語の橋渡しをするときだけではありません。イギリス BBC のアンドレ・ギリガン記者のラジオ放送をめぐる騒動は，言葉の選択がいかに大切かを教えてくれます。

問題になったのは，ギリガン記者が，2003年5月29日，ラジオ番組「Today」で，ブレア政権が議会に提出した「イラク大量破壊兵器に関する書類」(the Iraq dossier) について放送したときの言葉です。2002年9月24日に公表されたこの書類には，「サダム・フセインは，大量破壊兵器を45分以内に実戦配備できる」との記述があり，それがイラク戦争参戦の根拠とされています。

この日は，ブッシュ大統領の「イラク戦争終結」宣言から約一カ月，ブレア首相はイラク駐留のイギリス軍を訪問中でした。

ギリガン記者は，午前6時台と7時台の番組で，「この書類を作成した政府高官の一人」が，インタビューで次のように述べたと放送しました。

(6:07 a.m.)

①**"…The government probably knew that that forty-five figure was wrong, even before it decided to put it in."**

(「政府は，あの45分配備を書類に書き入れる前から，それが間違っていると，多分知っていました」)

(7:32 a.m.)
②"It (The Iraq dossier) was transformed in the week before it was published to make it sexier…. It (＝that forty-five figure) was included in the dossier against our wishes, because it wasn't reliable…. …the transformation of the dossier took place at the behest of Downing Street…."
(「書類は，公表一週間前，国民に一層アッピールするものにしたいということで，改変されました。……「45分配備」は私たちの意思に反して加えられました。私たちは，この情報は信頼できないと考えていたのです。……改変は，官邸の命令で行われました」)
(「ハットン調査報告書」，第2章, http://www.the-hutton-inquiry.org.uk/content/report/chapter02.htm）

ブレア政権は激しく反発します。これが本当なら，政府は国民をだまし，国をイラク戦争に巻き込んだことになります。「政府高官とは誰だ？」と大騒ぎになります。BBCは最後まで情報源を守ります。しかし，政府（官邸または国防省）による「密かなたくらみ」とされる方法で（「政府に電話をかけ，高官が誰かを当てた者には，Yesと答える」と発表），やがて，それが国防省のデイビッド・ケリー博士と分かります（Panorama: *A Fight to the Death*, BBC One, 2004年1月21日。NHK BS世界のドキュメンタリー，「イラク報道の真実－BBC対イギリス政府」，2004年4月11日）。

ケリー博士はイラク生物兵器研究の第一人者で，1991年から98年まで，イラクで検査官をしていました。騒ぎが大きくなる中，博士は，ギリガン記者とインタビューしたのは自分だと上司に打ち明けます。しかし，自分の言葉が誤って引用されたとも。下院外交委員会で喚問された3日後，自宅近くで死亡しているのが見つかりました。自殺とされています。

ケリー博士の死について調査するため，ハットン委員会が設立され，2004年

1月報告書が出ます。報告書は，ギリガン記者の報道は「unfounded（根拠がない）」とし，「BBCの編集・管理体制にも欠陥があった」と判定しました（「ハットン調査報告書」，第12章，http://www.the-hutton-inquiry.org.uk/content/report/chapter12.htm）。

BBCの経営委員長と会長が辞任。ギリガン記者も辞めました。この1件は，報告書が出る直前に放送されたBBCのドキュメンタリー，*A Fight to the Death*（前述）で詳しく伝えられています。

ニュースを書く立場からみますと，ギリガン記者の放送は，少なくとも2点で事実に反しています。いずれも，重大というよりは，日常犯してしまいそうなミスである点が，かえって怖いです。

第1は，ケリー博士の所属です。博士は「書類を作成した政府高官の一人」ではありません。書類を作成したのは，イギリスの最高情報機関「合同情報委員会，Joint Intelligence Committee」です。博士は国防省専門官です。

第2は，本人がハットン調査委員会で認めたように，番組でケリー博士の言葉を直接引用したように語ったのは間違いで，本当は，博士が語った言葉から，ギリガン記者が「推測（infer）したこと」だったのです。ハットン委員会での尋問の記録です。

Q: You accept, I think, that it was expressed by you as something that your source had said, whereas in fact it was an inference of your own?

A: Yes, that is right, that was my mistake.... It was my interpretation of what he had said.

（質問：あなたが情報源の「言葉」として伝えたことは，実際は，あなた自身の推測だったのですね）

（答え：そうです。その通りです。それが私の間違いでした。……彼の「言葉」を，私なりに解釈したものでした）

（「ハットン調査報告書」，第7章，http://www.the-hutton-inquiry.org.uk/content/report/chapter07.htm）

ギリガン記者はライターにとって危険な落とし穴にはまったのだと，私は思います。お話をちょっと面白くするため，正確さをちょっと犠牲にしてもいいか，という誘惑です。「国防省専門官」より，「書類作成に関わった政府高官」の言葉とした方が，重みがあるでしょう。そして，その人の言葉を直接引用したように見せる方が，印象が強いです。報告書は，ケリー博士がインタビューで何を言ったかは不明としています。しかし，どう考えても，ギリガン記者に，ジャーナリストとしての誠実さが足りなかったことは事実です。

　報告書は，ギリガン記者が使った言葉 make it sexier と sexed it up に触れ，「これはスラング（俗語）である上，二つの違った意味にとられる可能性があり，誤解のもと」としています。一つは，「実際よりよく見せるため，嘘をつく」という意。もう一つは，「事実をよりいっそう強調する」という意。「45分配備」について，後者なら問題ないが，前者と受け取られたら，それを事実とみなす根拠はない，と結論づけています（「ハットン調査報告書」，第12章，http://www.the-hutton-inquiry.org.uk/content/report/chapter12.htm）。

　ここにも，私たちが学ばねばならないことがあります。微妙に違う二つの意味に受け取られる言葉は，使ってはならないということです。特に放送では，What do you mean?（「どういう意味？」）と聞けないわけですから。

　ところで，ハットン委員会の調査中，この「イラク書類」についていくつかの疑問が出てきました。まず，国防省の国防情報参謀部（DIS＝Defense Intelligence Staff）が，「45分配備」に疑問をもっていたことを正式に表明していたことが明らかになります（*A Fight to the Death*）。

　さらに，諜報機関 MI6 長官は，「45分で配備できる武器」が，本来は，戦場で使う武器（化学・生物兵器や大砲等の短距離兵器）だったのが，いつの間にか長距離兵器として報道され，それに気づいたが訂正しなかったと認めました（同）。イラクの「大量破壊兵器」とされるものが，短距離か長距離かは，「脅威」という点で大きな違いがあります。

　また，「書類」の中の言葉のいくつかが，官邸の戦略情報局長，アレステア・キャンベル氏の指示で変更されたことを示す証拠も出てきました（http://en.wilipedi.org/wili/Hutton_Inquiry）。そうなりますと，率直に言

って，ギリガン記者の報道が，なぜ"unfounded"（根拠がない）とされたのか，疑問が生じるところではあります。

　BBCはこのような事情も含め，ギリガン記者の不注意は認め，しかし報道の内容そのものは基本的に正しかったとしています（*A Fight to the Death*）。

　イラク戦争後，当然あると思われていた大量破壊兵器が見つからず，米英の情報活動に疑問が出されます。イギリス政府は2004年2月，イラク戦争前の情報収集活動を精査するため，バトラー委員会を設立。同委員会は同年7月の報告書で，「45分配備」を証明する証拠はない（unsubstantiated）」との結論を出しました。(http://en.wikipedia.org/wiki/Butler Review)

　これより先，アメリカ政府も2004年2月，独立調査委員会を設立。委員会は2005年3月ブッシュ大統領への報告書で，次のように述べています――「イラクの大量破壊兵器についての開戦前の情報は，そのほとんどが間違っていた（"dead wrong"）。これは情報活動の大失敗（"a major intelligence failure"）」（同委員会の報告書：U.S. Government Printing Office, Keeping America Informed: (http://www.gpo.gov/fdsys/search/pagedetails.action?granuleld=&packageld …)

　一例として，2003年2月5日，コリン・パウエル国務長官が国連安全保障理事会で証言した「移動式生物兵器製造施設」の情報を挙げています。「実質的に，これに関する全ての情報は，たった一人の情報提供者によるもので，この者は虚言者だった（a fabricator）」（同報告書第一章，p.48）

　2013年3月，「イラク戦争開戦10周年」を記念して，BBCはドキュメンタリー・シリーズ「パノラマ」で，*The Spies Who Fooled The World*（「世界をだましたスパイたち」）を放送しました。内容は上記二つの報告書と基本的に同じですが，嘘の情報を提供した本人たちが，カメラの前で「嘘だった」と認める姿を映しました。「彼らは，米英政府が予め決めていた政策を進めるため必要としていた，まさにその証拠を提供したのだ」と，番組は言います。"the smoking gun that everybody was looking for"（「誰もが探していた証拠」）をと。

　　BBCプレゼンター："We went to war in Iraq on a lie. That lie was your lie."

第3章　ニュースの約束

　　　　　　　　　　（「我々はウソに基づいてイラクを攻めたのですね。そ
　　　　　　　　　　のウソは，あなたのウソだった」）
情報提供者：　　　"Yes."
(*The Spies Who Fooled The World* はインターネットで観ることができます。)

　ギリガン記者がもっと正確にケリー博士の発言を伝え，注意深くその裏を取っていれば……との思いを抱きます。このあと，BBCはロナルド・ニール主導で対応を検討し，記者教育の強化を決めています（BBC-Press Office, *Neil Report*, http://www.bbc.co.uk/pressoffice/pressreleases/stories/2004/06_june）。

「ニュースのテスト」

　ニュースの「正確さ」は，また，出来事のある一面を報道しないことで損なわれることがあります。これを示す面白い論文があります。ジャーナリストのウオルター・リップマンとチャールズ・メルツが1920年に発表した"A Test of the News"（「ニュースのテスト」）です。(Lippmann & Merz, "A Test of the News," *Killing the Messenger, 100 Years of Media Criticism*, ed. Goldstein, pp.86-106)

　二人は，ニューヨーク・タイムズが1917年3月から1920年3月まで，「ロシア革命」をどのように報道したかを調べ，それを実際に起きたと証明できる，議論の余地のない出来事と比べて，「正確」だったかを検証しました。ロシア革命を選んだのは，「それが全世界にとって重要な展開であると同時に，アメリカで客観的に報道されたかどうかをみるための，最適のテーマだったから」（同，p.87）と述べています。

　その結果，大部分の記事は，アメリカ国務省，駐米ロシア大使館，ロシアからの亡命者等の「偏った立場の関係者」を情報源とし，その上，"a downright lack of common sense"（常識の完全な欠如）によって（同，p.91），最後まで，「ロシア革命は失敗する」という報道に終始したといいます。そして，次のような結論を出しています。

In the large, the news about Russia is a case of seeing not

what was, but what men wished to see.
(「ロシア革命のニュースは，出来事をあるがままに伝えたのではなく，人々が見たいと思ったものを伝えたのである」)

(同，p.91)

出来事のある面を見ない，あるいは伝えない，つまり，"by means of omission"(「ニュースとして伝えないこと」，Hoskins, *Televising War from Vietnam to Iraq*, p.91) で，「正確な報道」が損なわれた例でしょう。ベトナム戦争時代のジャーナリスト，デイビッド・ハルバースタム氏も，「ジャーナリズムでは，何を取材しないかは，何を取材するか以上に重大だ」と言っています (Halberstam, *The Power That Be*, p.142)。

第3章　ニュースの約束

② 事実？　それとも，意見？

事実と意見の峻別

「事実を正確に」といいましたが，「何が事実か」を見極めるのはなかなか困難です。また，ニュースの多くは，事実と確定されていない段階から報道されます。

そこで，事実と断定できることと，誰かが事実と言っているが，事実かどうかわからないこと（誰かの見方）を，書き分けなければなりません。事実として書けるのは，「伝える本人が見たこと」と「客観的に事実と立証できること，公の記録にあること」だけとされています（Kalbfeld, *Associated Press Broadcast News Handbook*, pp.85-88, p.119）。

「事実と意見の峻別」は，アメリカでも難しかったようです。ラジオ放送が始まったころ，CBSにカルテンボーン（H.V. Kaltenborn）という人物がいて，出来事を伝えるとき，いつも分析と意見を述べ，イギリスのカンタベリー大司教のお祈りまで分析するに至ったそうです（Bliss, *Now the News*, pp.88-89）。放送でI think ... を多用するので，あるとき上役が，ニュースに意見を交えないCBSの原則に反すると注意すると，しばらくして，Many people in America say... というようになったとか。それが自分の意見というところは笑えますが。

そこでまず，日本語原稿に書かれていることが，「事実」か「誰かが事実と言っているが，証明されていないこと」か，その微妙な違いを読み分けなければなりません。そのためには，いつも，「このことは，どのような経過で明らかになったのか？」と問うてみることです。情報源を見極めるということです。それによって，書き方が変わります。

事実なら，断定的に書けます。どこかの情報源から出ているなら，その情報源を明らかにしなければなりません。そうでなければ，新聞，放送，そしてインターネットという最新の通信手段を使って，うわさや憶測を広めてしまうこ

とになります。「情報がどこから出たか」,「誰が言ったか」(Who says so?) を明らかにすることを,「attribution をつける」といいます。英語圏のニュースでは, これを明確に示すことが,「ジャーナリズムの基本原則の一つ」(Kalbfeld, *Associated Press Broadcast News Handbook*, pp.85-86) とされています。

Who says so?

　1941年12月7日(現地時間)の日本の真珠湾攻撃を, 通信社の United Press は速報で次のように伝えました。

The White House announces Japan has attacked Pearl Harbor.
(ホワイトハウスは, 日本が真珠湾を攻撃したと発表しました)
(Bliss, *Now the News*, p.135)

　ここで, The White House announces... が attribution です。単に, Japan has attacked Pearl Harbor. でないのは, これを伝えた記者が, 実際に攻撃を見たわけではないので, そう書けないのです。また, ホワイトハウスの発表となれば, 信憑性は絶大です。
　ニュースの種類によって, attribution が特に重要なものがあります。犯罪もの(逮捕されても, 犯人とは限らない), 国際紛争やテロ事件(客観的な状況判断が難しい), 他の報道機関のニュースを使うとき(業績に credit を付ける), 事故・自然災害の速報段階(情報が混乱していることが多い), 事故の原因(特定の調査機関の見方), 世論調査(どこの調査か), そして, 論評・意見など。

情報源の書き方・「意見」であることの示し方

　「事実」ではなく, 特定の情報源の見方, 誰かの意見であることを示す方法はいろいろあります。
　一番簡単で, しかもベストの方法は, ～ say that ～ を使うことです。これ

は，文章一つ一つにつけます。動詞は say が一番適切で，安全です。使う動詞によっては，話の内容と同時に，書いた人がその話をどう思っているかを伝えてしまいます。John claims ... では，「John はこう言っているが，ホントかな？」という感じになります。John points out ... では，「John が言ったことは真実で，彼はそれを指摘した」ということです。

世論調査の場合，まず，調査機関の名前を書きます。結果の信ぴょう性に関わるからです。そして，An opinion poll indicates, suggests,（示唆する）などとします。限られた数の人々の考えから，全体の傾向を推測するものだからです。prove（証明する），show（示す）のような言葉は使いません。

犯罪ニュースでは，捜査機関の集めた情報や見方は，あくまでも捜査機関のものであることを，言葉の表現上明らかにしなければなりません。これについては，英語ニュースには，はっきりした書き方があります。

―― 疑いがあるとき（逮捕され，裁判になった後でも，判決が確定するまで）

He is alleged to have killed the man.

He allegedly killed the man.

The allegation that he killed the man

accused, accusation も同じ。

―― 警察に逮捕されたあと

He is arrested on suspicion of murder.（殺人の容疑で）

Police say (suspect) he killed the man.

He was arrested in connection with the murder.（〜に関連して，起訴前）

a suspect（被疑者・容疑者）

―― 起訴されたあと

He is indicted on a charge of murder.（殺人罪で起訴）

Prosecutors charge that he committed the murder.

He is charged with having killed the man.

a defendant（被告）

―― 裁判で無罪になったとき

He was found not guilty of murder.
（guilty or not guilty の選択）
He was acquitted of murder.

He was found innocent. とは言いません。もともと innocent until proven guilty（「推定無罪」）の原則で、「有罪」の判決が出るまでは、innocent の状態であったわけですから。

――裁判で有罪になったとき

He was found guilty of murder.
He is convicted of murder.
a man convicted of murder

arrested (charged, indicted) for murder のような言い方をときどき見かけますが、本当はダメです。「殺人を犯したという事実のために、逮捕（起訴）された」ということだからです。「裁判前に、判決を下すようなもの」と AP はいいます。(Kalbfeld, *Associated Press Broadcast News Handbook,* p.287) He is indicted on a murder charge. などと書きます。また、ニュースでは、a murderer. という言葉は使いません。a man convicted of murder. と言います。「人殺し」ではなく、あくまで、「殺人罪で有罪になった人」です。

アメリカのニュースライターの間にはジョークがあり、Police say... さえつけておけば、面倒は避けられる（You'll be off the hook.）とか。「面倒」とは、「事実」でないことを「事実」のように書いて、訴訟を起こされるということです。

文章全体でなく、特定の言葉だけが「意見」の場合は、次のような書き方があります。

North Korea announces it will launch what it calls a satellite.
（北朝鮮は、「人工衛星（と呼ぶもの）」を打ち上げると発表）

北朝鮮が打ち上げるロケットの先端に乗っているのが,「人工衛星」か「ミサイル」か, いつも問題になります。

China tested <u>what it called</u> an advanced stealth fighter.
(中国は, 高度ステルス戦闘機と呼ぶものの試験飛行を行った)
(*International Herald Tribune*, 2011年1月19日)

下線は, 中国は「ステルス戦闘機」と呼んでいるが, 報道機関としては, それが本当かどうかは知らない, ということを示しています。

Shots were fired <u>apparently</u> from the both sides.
(弾は両側から発射されたようです)
(BBC World, 2010年4月13日)

Apparently は, 「明らかにそう見えるが, 確証はない」の意を表します。

They <u>describe</u> the number <u>as</u> staggering.
(彼らは, その数字はびっくりするほど大きいといいます)

「すごい数字だ」というのは,「彼ら」の考えです。もし, The number is staggering. といいますと, これを伝えている報道機関が,「すごい数字だ」と言っていることになります。

2011年7月, 菅内閣の松本復興相は, 就任9日目, 被災地での発言で非難され, 辞任しました。BBC World は7月5日14:00のニュースで, His remarks are described as insensitive. と伝えています。「知恵を出したやつは助けるが, 出さないやつは助けない」などの発言が,「insensitive (心ない) とされた」ということです。His remarks were insensitive. と言いますと, BBC 自身がそう断定したことになります。

犯人逮捕後, 警察が「犯行を認めた」などと発表することがあります。これは, Police <u>quoted</u> the suspect <u>as</u> admitting to the crime. などと書きま

す。アメリカなどでは，報道機関が留置所の容疑者と電話で話すことが出来る場合があるそうですが，日本ではそういうことはありません。容疑者の言葉とされるものは，あくまで警察が伝えるものであり，The suspect admitted … とは書けません。

　情報源のうち，「関係者」をどう英語で書くか，いつも迷います。A source, sources などと書きますが，どの立場の人に近い sources なのか？　なるべくそれを明らかにして，書きたいと思っています。

　2010年3月，韓国の哨戒艇が北朝鮮近くの海域で沈没，乗組員46人が死亡しました。国際調査団は北朝鮮の潜水艦が発射した魚雷で沈んだと結論づけましたが，北朝鮮は否定しています。この事件を伝えるとき，英語圏の報道で，「北朝鮮の攻撃」と断定した書き方をしたものを，私は見たことがありません。いずれも，「北朝鮮による魚雷攻撃」が，現時点で，あくまでも一つの見方であることを，言葉の上で明らかにしています。

　例えば，次のように……

――**Allegations that North Korea sank a South Korean warship …**
（北朝鮮が韓国の軍艦を撃沈させたという見方）

(BBC)

――**A South Korean warship sank in March of last year in what Seoul called a North Korean torpedo attack.**
（韓国が北の魚雷攻撃とする事件で，韓国の軍艦沈没）

(New York Times)

――**South Korea holds North Korea responsible for the sinking of one of its warships in March last year.**
（韓国は北朝鮮の責任と）

(AP)

話の中身は本当？

　問題は，attribution を正しくつけ，ニュースの原則に従って書いても，話

第3章　ニュースの約束

の中身が本当（true）とは限らないことです。CBSの人気時事番組,「*60 Minutes*」のプロデューサー，ドン・ヒューイット氏は言います，「人の言葉が，新聞や放送で，正しく引用されたとしても，言ったことが真実とは限らない。ジャーナリズムでは，正確と同時に，真実を伝えることが大切だ」（Hewitt, *Tell Me a Story*, p.235）。

　「記者は，情報が正確だとしても，それが真実かどうか確かめないまま，報道することが多いのが問題」との指摘もあります（Garrison, *Professional News Reporting*, p.291）。

　2011年3月11日の東日本大震災の後で起きた原子力発電所の事故について，官房長官や電力会社の方々がいろいろと発表されました。その方々の名前と，言ったことをそのまま伝えれば，それは「正確」な報道とはいえますが，その内容が「真実」だったかどうかは，調べてみなければわかりません。調査報道 investigative reporting が重要ということでしょう。この観点から，歴史上重要な2例を挙げてみます。

ベトナム戦争の場合

　アメリカのジョンソン大統領が，1964年8月2日と4日のトンキン湾事件のとき，4日の「北による2回目の攻撃」を，ベトナム戦争開戦の根拠としたことは，よく知られています。「アメリカの駆逐艦がトンキン湾公海上で北ベトナムに一方的に攻撃され，やむなく反撃」と演説，自衛と公海上での航行の自由を理由に，議会から事実上の宣戦布告となる「トンキン湾決議」を獲得しました。

　以後，1975年4月30日サイゴン陥落まで，ベトナム戦争は11年続き，5万9千人の米兵と数百万人のベトナム人が命を落としました（Prados, "Essay: 40th Anniversary of the Gulf of Tonkin Incident," Posted on *The National Security Archive*, Aug. 4, 2004）。

　問題は，「2回目の攻撃」が実際にあったのかということです。当時の米駆逐艦艦長の報告，米軍パイロットの目撃談，レーダーの分析などから，今では，「無かった」が定説になっています。

　この事件については，おびただしい数の本や記事が出ていますが，最近明ら

61

かになった面白い論文があります。米国防総省の諜報機関，国家安全保障局 (National Security Agency, NSA) 所属の歴史学者ロバート・J・ハニョークが書いた「スカンク，ばけもの，静かな犬，トビウオ：トンキン湾の謎，1964年8月2日から4日まで」です (Hanyok, "Skunks, Bogies, Silent Hounds, and the Flying Fish: The Gulf of Tonkin Mystery, 2-4 August 1964," *Cryptologic Quarterly*, 2001, FOIA Case #43933)。

これは，2001年初め，NSAの内部季刊誌 *Cryptologic Quarterly*（「季刊誌：暗号術」）に掲載され，2005年12月1日，NSAが情報公開法に基づく申請に応じて，トンキン湾事件に関する140以上の最高機密書類を公開したとき，その中に入っていたものです。

この論文が特異なのは，当時NSAが通信諜報活動（signals intelligence, SIGINT）で得た北ベトナムの暗号通信文とその翻訳で，現存する全てを分析し，その観点からトンキン湾事件に光を当てた初めての論文という点です。ハニョークは，「ジョンソン政権がベトナム戦争突入への根拠としたのがSIGINTの情報だったから，それについて語らねばならない」といいます（p.2, p.10）。これによって初めて，8月4日夜に起きたこと，この時の北の動きが明らかとなり，全体像が見えたとハニョークは言います（p.3）。

55ページにおよぶ論文は，情報収集活動の細部に及び，このような文書が海を越えた一市民の手にたちどころに入るところに，インターネット時代のすごさを感じます。

ハニョークの結論です：

「4日の攻撃」はなかった（p.3左）。「攻撃はあった」としたい空気の中でのSIGINTの状況分析ミス。それを背景に，攻撃を立証できる事柄だけをワシントンに報告（p.3左, pp.48-49）。8月4日に関する情報の90パーセントは報告されていない（p.3右）。

報告されたものの中には，「重大な分析ミスと，説明できない翻訳の変更があり，さらに，二つの無関係な報告が一つに統合され，これが8月4日の攻撃の主要な証拠となった（p.3右）。しかしこれが，部内・政権内のいかなるレベルでも，「政治的意図のもとに行われた」証拠は見つからなかった（p.3左,

第3章　ニュースの約束

p.49右）。

ハニョークが明らかにした2日から4日までの動きです。

① 8月2日夜、北ベトナムの魚雷艇3艘と米駆逐艦マドックス号がトンキン湾で交戦。北の魚雷艇3艘は大きく破損、自力航行も困難に。北は捜索・救助活動にかかりきり（p.3左、右）。米のSIGINT班、これを「敵艇の危険な集結」と分析ミス。「緊急危険情報」を発信。

② 4日夜9時34分、トンキン湾内の米駆逐艦2艘のレーダーが、海面と空中から接近する物体をとらえたとして、9時40分、銃撃開始。11時35分終了。これが「8月4日の北の攻撃」とされるもの。

しかし、この時レーダーに映った物体は、悪天候の中の高波、魚雷（と解釈されたレーダー上の影）を避けようとする僚船の動きとの声も。駆逐艦の艦長、「この攻撃には、疑わしい点が多々ある」と米太平洋軍最高司令官に打電（p.1右）。

しかし、ジョンソン大統領は「銃撃終了」後すぐ、「5日午前7時からの報復空爆開始」を承認済み。……その中で高まってきた、この疑問。

まさに、そのとき……

③ 5日未明、SIGINT班から「4日夜の北の戦闘後報告の翻訳」が届く（p.35右）。「米機2機撃墜。<u>当方魚雷艇2艘犠牲に</u>（"<u>We sacrificed two ships.</u>"）。他の艇は無事。米艇も損害」。同じ通信文を、米海軍諜報部は、「<u>当方同志二人失う</u>（"<u>We sacrificed two comrades.</u>"）」と翻訳している。（下線筆者）

ワシントンはこれを北による2回目の攻撃の動かぬ証拠とし（p.3右）、5日午前7時、米軍、北の海軍施設への報復空爆を開始。

しかし、ハニョークはこの北の通信文が「4日の戦闘」のピーク時（現地時間夜10時50分）に発信されている点に注目。これが北の「<u>戦闘後報告</u>」であったはずはないとし、これは米海軍諜報部が傍受した全く別の北の二つの通信文を、SIGINT班が一つにまとめたものとしています（p.36左、右）。

一つは、2日についての北の戦闘後報告。北が認めている2日の被害状況と同じ。（two comrades が two ships になっている以外は）二つは、4日夜の

63

米駆逐艦の動きを、北が海岸の基地又は船から観察し、友軍に伝えたもの（p.36右）。

　北ベトナムは、8月2日の攻撃は認め、「アメリカは破壊作戦で挑発を続け、7月30日軍艦で領海を犯し、2島を攻撃、31日から8月1日にかけて漁船を脅かしたので、これを領海から追い出した」との声明を発表。しかし、4日の攻撃は否定しています（http://www.mekon.ne.jp/directory/history/tonkinwaniiken.htm）。

　ハニョークの論文の題名そのものが、一つのメッセージを伝えていると思われます。" Skunks, Bogies, Silent Hounds, and Flying Fish: The Gulf of Tonking Mystery, 2-4 August 1964 "（「スカンク、ばけもの、もの言わぬ犬、そしてトビウオ：トンキン湾の謎、1964年8月2日から4日まで」）。

　「skunks スカンク」は、レーダーが捉える地表または水上物体のこと、「bogies ばけもの」は、レーダーが捉える飛行物体のこと。「silent hounds 静かな犬」とは、政府内で「2回目の攻撃」に疑問を抱きながら、沈黙を守った人々。後に、ニューヨーク・タイムズに「ペンタゴン・ペイパーズ」を開示したダニエル・エルズバーグもその一人です。そして、「the flying fish トビウオ」は、大統領の言葉です。("Hell, those damn, stupid sailors were just shooting at flying fish."「あのバカな水兵どもは、トビウオを撃っていただけさ」)（p.47右）。

　民間のメディア監視グループ、FAIR（Fairness & Accuracy in Reporting 報道における公正と正確）は、1994年7月27日、「30周年記念：トンキン湾のうそがベトナム戦争への道を開いた」との小文を発表。「政府の主張を絶対の真実として報道することで、アメリカのジャーナリズムは血塗られたベトナム戦争への水門を開いた」と（http://www.fair.org/index.php? page-2261）。

　コラムニストのジェームス・レストン氏も回想録で、「引退してうれしいのは、2度とベトナムについて書かなくてよいことだ。ベトナム戦争は、初めから終わりまで、うそで固まり、多くの命を奪い、多くの友人を分断し、政府が発表する声明に対する信頼は地に落ちた。その中で、サイゴンにいる記者たちは、真実を議会と国民の前にさらけ出し、戦争の終結に寄与した」と書いています（Reston, *Deadline*, p.321）。

第3章 ニュースの約束

「赤狩り」の場合

　人の発言を，真偽を確かめないまま報道し，大きな問題を引き起こした例としては，「赤狩り」で知られるジョセフ・マッカーシー上院議員の発言についての報道もあります。マッカーシーは1950年2月，ソ連との冷戦が激化する中，「国務省内に205人の共産党員がいる。わたしはそのリストをもっている」と演説し，注目を浴びます。根拠を明らかにしないまま，次々に，「あれは共産党員，あれは賛同者（fellow travelers）」と名前を挙げ，大きなニュースになります。

　マッカーシズムといわれたこの動きは，「言論の自由」を根底から脅かし，アメリカを恐怖に陥れました。アメリカが第二次世界大戦後，未曾有の経済繁栄を謳歌する中，中国の共産化，ソ連の原爆保有，朝鮮戦争勃発と，それまで経験したことのない国際的な脅威にさらされた時のことです。

　「マッカーシズムは伝統的な客観報道の弱点を示す顕著な例」と，ハルバースタム氏はいいます（Halberstam, *The Powers That Be*, p.141）。マッカーシーは上院議員であったため，その発言は，「名前を正しく綴り，言葉を正しく引用し，適切な attribution さえつければ」，ジャーナリズムの原則に沿った報道とされたのです（同）。マッカーシー自身，そのことをよく知っており，「誰それはアカだ」という爆弾発言を繰り返しました（同, pp.194-195）。

　これに対して立ちあがったのがエド・マローです。CBSのマローのチームは，1954年3月9日，ウイークリーのドキュメンタリー番組「See It Now」で，*A Report on Senator Joseph R. McCarthy* を放送します。番組の大部分は，マッカーシー自身の映像で構成され，その発言の嘘と矛盾が，生々しい映像とともに明らかにされました。（Bliss, *Now the News*, p.242）。「マッカーシー自身が，マッカーシーを破壊した」のです（Harberstam, *The Powers That Be*, p.143）。

　放送前，マローはスタッフに言ったそうです。「我々がみな共犯者でない限り，国全体を恐怖に陥れることはできない」と。マッカーシーの言葉が真実かどうか確かめることなく，報道を続けたメディア，それを無批判に受け入れ続けた人々の責任は重い，と言いたかったのでしょう。

　この番組については，人気俳優のジョージ・クルーニーが監督・出演した映

画「*Good Night and Good Luck*」が，2006年アカデミー賞6部門にノミネートされています。

マッカーシーは，この番組の後，急速に影響力を失い，1954年末，上院で譴責決議を受け，1957年，47歳で，急性肝炎で亡くなりました。マロー自身も深手を負い，1961年CBSを辞め，ケネディ大統領に請われ，広報文化交流庁（USIA）長官に就任します。1962年キューバ危機では，大統領に助言しました。

1963年ケネディが暗殺された後，64年初め退官。同年8月のトンキン湾事件の時は，肺がんで死の床にありました。速報でジョンソン大統領の発言を聴くと，CBSの昔の仕事仲間に電話をかけ，「速報を出す前に，なぜベトナムにいる特派員に，大統領の言葉の真偽を確かめさせなかったのか？」と詰問したそうです（Bliss, *Now the News*, p.345）。同じ政権内で副大統領だったジョンソンがこのような時どう動くか，マローには見えていたのかもしれません。

核戦争の危機が迫ったキューバ危機の時，マローがケネディの対応に影響を与えた，あるいは，2人が考えを共有したと考えるのは，必ずしも的外れではないと私は思います。広島と長崎への原爆投下後の1945年8月12日，マローは次のように放送しています。

Seldom, if ever, has a war ended leaving the victors with such a sense of uncertainty and fear, with such a realization that the future is obscure and that survival is not assured.... No one has expressed any confidence that an international agreement not to use this weapon would have any lasting effect. For it is impossible to ignore the fact that it has been used....

（戦争が終わったとき，勝利者が，これほどの不確実感と恐れ，未来は不確か，生存も定かでないという認識を抱いたことはありません。……核兵器を使わないという国際条約ができたとしても，いつまで効果があるのか，誰にも確信が持てないのです。使われたという事実を，無視することはできませんから）

(Bliss, ed. *In Search of Light : The Broadcasts of Edward R. Murrow 1938-1961*, pp.102-103)

　戦勝国のリポーターの言葉として，核兵器に対する認識の深さに感銘を受けます。今に生きる言葉です。そのような認識をもっていたとしたら，ケネディもマローも，世界を巻き込む核戦争は，断じて避けたかったに違いありません。
　64年後の2009年，オバマ大統領はチェコのプラハで，核兵器の広がりが人類の生存にいかに大きな脅威となっているかを述べ，世界で唯一核兵器を使った国として，アメリカは核兵器のない世界に向け行動すると約束しました。

オバマ大統領の演説からです。

As a nuclear power, as the only nuclear power to have used a nuclear weapon, the United States has a moral responsibility to act. We cannot succeed in this endeavor alone, but we can lead it, we can start it ….

So today, I state clearly and with conviction America's commitment to seek the peace and security of a world without nuclear weapons …. It will take patience and persistence. But now we, too, must ignore the voices who tell us that the world cannot change. We have to insist, "Yes, we can."

（アメリカには，核保有国として，核兵器を使った唯一の核保有国として，行動を起こす道義的な責任があります。これは一国だけで出来ることではありません。しかし，アメリカは道を開くことはできます。行動を起こすことはできるのです。……

そこで，私は今日はっきりと約束します。アメリカは核兵器のない平和と安全な世界を求めると。……これには，忍耐と根気が必要です。しかし，今，私たちは，「世界は変われない」という声を，無視しなければなりません。私たちは強く言わねばならないのですー「我々には，出来る」と。）

時空を超えて，マローとオバマの間に共鳴するものを感じます。

記者の意見

「事実」と「意見」の峻別といってきましたが，報道している人々，記者が，オン・エアで自分の意見を言うことはあるのでしょうか。

ラジオとテレビのニュースでは，項目の終わりに，まとめや分析が入ることがあります。テレビでは，記者が顔出しで話したりします。しかし，ここは分析までで，結論や意見は語りません。「事実を伝え，それについての判断は視聴者に任せる」(Kalbfeld, *Associated Press Broadcast News Handbook*, p.68) のが，ニュースの基本的な立場です。

これ以外に，別の番組として，「ニュース解説」(commentaries) があります。ここも，説明 (explanation)，解釈 (interpretation)，分析 (analysis) が目的で，解説委員が意見を言うことはめったにないと思います。

BBC は「編集基準」で，「証拠に基づくプロとしての判断を伝えることはあるが，個人的な意見は放送しない」と定めています (BBC, *Editorial Guidelines*, 4.4.3, p.27)。アメリカのネットワーク ABC で，長年，優れた報道番組「ナイトライン，*Nightline*」のキャスターをしていたテッド・コッペル氏も，「私はオン・エアで，意見を述べたことは一度もない」と言います (Koppel, *Off Camera*, p.viii)。

クロンカイトが CBS イブニングニュースで，「ベトナム戦争に勝つと思うのは，間違った楽観主義者に組みすること。勝者としてではなく，民主主義を守る名誉ある国民として，交渉による終結を求めるしか道はない」と放送。それを聞いてジョンソン大統領が再選を断念した話 (Bliss, *Now the News*, pp.351-352。Halberstam, *The Powers That Be*, p.514)。マローがマッカーシー批判の番組を作り，それが赤狩りの終焉につながった話。これらは，記者が記者としての立場を越え，歴史を一歩進めたという，極めてまれな例であったからこそ，記憶されているのだと思います。

放送には，ドキュメンタリーという面白い世界があります。CBS で長年ニュースライターをしていたエドワード・ブリス氏は，ドキュメンタリーをテレビ・ジャーナリズムの「Jewel in the Crown（王冠の中の宝石）」と呼んで

います（Bliss, *Now the News*, p.385）。

　ドキュメンタリーも，正面切って意見を言わないという点では，ニュースと同じです。でも，一歩進んで，社会の出来事を，「ある見方，a point of view」をもって切り取って見せるものです。何をテーマとして取り上げるか自体が，「問題意識の在りか」，「一つのメッセージ」を示すものと考えられます。社会を変えていく力になったと評価されている，すばらしい番組がたくさんあります。

　日本では，NHKの「BS世界のドキュメンタリー」で，世界各地で制作された優れた作品が放送されています。インターネットでも，放送会社名や作品名で検索して，観ることができます。

❸ 偏らない立場で

　ニュースについてもう一つ大事なことは，偏らない立場で伝えること（impartiality）です。これは「客観報道（journalistic objectivity）」という目標の当然の帰着として生まれたといわれています。

　客観報道という目標は，1848年新聞各紙が集まって，共同でニュースを集める機関，The Associated Press を設立したのがきっかけだそうです（Kalbfeld, *Associated Press Broadcast News Handbook*, p.28）。それまで，新聞はそれぞれの立場を明確にして報道していました。しかし，一つの通信社がどの新聞社でも使えるニュースを配信するとなると，「客観的に」伝えることが必要になったわけです。

　しかし，マローが言うように，「人はみな，自らの経験の囚われ人であり，完全に客観的になることはできない」（Edward R. Murrow, 1947年9月29日のラジオ放送, *In Search of Light*, p.115）ものであれば，「論争になっている問題について，いろいろの立場を公平に伝える」ことが，ジャーナリズムの目標とされるようになりました（Garrison, *Professional News Reporting*, p.291）。

　しかし，BBCは「編集基準」で，「これは単に，異なる見方を機械的に並べればよいというものではなく，あらゆる問題に，絶対的な中立を求めるものでもない。あくまで，民主主義の原則の中で適宜考慮すべきこと」としています（*BBC Editorial Guidelines*, Section 4.1, p.23）。

公平原則

　アメリカでは，1949年，連邦通信委員会が，放送は意見の対立している問題について，「それぞれの主張をバランスよく公正に伝えなければならない」という，公平原則（Fairness Doctrine）を打ち出します。（河村雅隆，『放送が作ったアメリカ』，p.106）

第3章　ニュースの約束

　日本では，1950年に制定された放送法で，「放送が健全な民主主義に資するようにする」（第一条）こととし，「政治的に公平」（第三条）で，「意見が対立している問題については，できるだけ多くの角度から論点を明らかにする」（同）と定めています。

　社会での報道の役割を考え，そして，今，ニュースが国や文化圏を越え，世界中に伝えられることを考えると，これは，公共・民間を問わず，どのような報道機関にとっても，大事な原則と思います。

　この原則に従って，記者の方々は，深い見識と信念のもと，事態を多層的にとらえようと，取材を重ねることでしょう。ニュースライターの仕事は，そのような取材をもとに書かれた原稿を，言葉の選び方，文章の書き方で損なわないよう，注意深く英語ニュースにすることです。

言葉一つで色がつく

　言葉一つの選び方で，特定の意見や立場を表わすことがあります。("Often, a single word can express a judgment …" (Kalbfeld, *Associated Press Broadcast News Handbook*, p.119)

　ある国の「政府」を，the government, the regime, the junta のどの言葉で呼ぶかで，その政府に対する考えを表わしてしまいます。regime は，公平な選挙で選ばれていない政府の意。junta は，武力で政権を奪取した軍事政権のことです。また，ある国をどのような名前で呼ぶかも，その国に対する立場を反映するときがあります。

　東南アジアで，かってビルマ（Burma）と呼ばれていた国は，軍事政権下の1989年，国名をミャンマー（Myanmar）に変えました。国連や，フランス，日本などは，この新しい名前を使っており，私たちも軍政当時は，the military government of Myanmar と書いていました。しかし，アメリカやイギリス，そしてBBCは，ミャンマーという国名を使っていません。軍事政権に対する立場を表わしていたものと考えられています。

　2011年3月，ミャンマーは民政に移行。2012年11月19日，オバマ大統領が，現職の米大統領として初めてミャンマーを訪問。シン・セイン大統領との会談で，「ミャンマー」という国名を，アメリカとして初めて使ったことが，ニュ

71

ースになりました。(*International Herald Tribune*, 現在の, *International New York Times*, Nov. 20, 2012)

　アフガニスタンのタリバンは，一般に，rebels, insurgents, militants (反逆者，反乱兵，闘士) などといわれています。guerrillas という言葉を使うと，ちょっと格が上がる感じで，正規軍を相手に政府転覆を計る「不正規兵」という感じになります。

形容詞や副詞も要注意です。

　He stole only 10,000 yen. (盗んだのはたった1万円) 大した問題じゃない？

　He still denies the money was a bribe. (その金が賄賂だったとは，今も否認) 「早く認めろよ」という感じがしませんか。

　He still looks young. (あの年で？)

偏らない文

　文章の書き方で，公平さが損なわれることがあります。例えば，交通事故のとき，A car collided with a truck. と書きますと，乗用車がトラックにぶつかっていったことになります。A truck collided with a car. と書くと，トラックの責任といっているのと同じです。A car and a truck collided on a freeway. などと書くのが公平な書き方です。

　Despite a lack of material evidence, the court found him guilty. (物的証拠がないのに，裁判所は彼を有罪にした。) この文は，判決を批判しているように聞こえます。例えば，次のように書きますと，判決と，それに対する批判を分離することができます。The court found him guilty. Critics say the ruling is unacceptable, as there is no material evidence. (判決は有罪。物的証拠がないのにとの批判があります。)

　The country carried out an act of unprovoked military aggression. (その国は，いわれのない軍事攻撃を行った。) この文は，「その国」を非難しているように思えます。次のように書くと，多少「偏らない書き方」になるでしょう。The country carried out what many see as an act of unprovoked military aggression.(「いわれのない軍事攻撃と，多くの人が考えるような攻撃」を行った。）真に，偏らない立場で書くなら，これを言った当事者Xの名を出し，X says that ... と書くことでしょう。

　ワールド・カップ・サッカーのとき。If the Americans win, they will proceed to the semi-finals.（アメリカが勝てば，準決勝に進めます）は，アメリカ側に立った書き方です。The winner of this match will proceed to the semi-finals.（この試合に勝った方が，準決勝に進めます）の方が，公平な書き方です。

　どちらの言い分も公平に伝えている一例です。
The Israeli army has killed at least three Palestinians in the Gaza Strip.
Its spokesman says the soldiers opened fire after the men were seen approaching the border.
Palestinians say all those killed are civilians, including a 91-year-old farmer and his teenage grandson.
　　　　　　　　　　　　　　　　　（BBC World，2010年9月13日）
（イスラエル軍が，ガザで少なくとも3人のパレスチナ人を射殺。軍のスポークスマンは，3人が国境に近づいたので発砲と。パレスチナ側は，3人は一般市民で，91歳の農夫と10代の孫がいたと。）

　「放送ジャーナリズムの父」といわれたエド・マローは，中東問題を伝えるとき，イスラエル側からも，パレスチナ側からも，「確かに，そう言える」とされる線を目指したいと語っています。
　ニュースを伝えるとき，言葉の選び方や文章に注意し，事実を正確に書き，事実と意見を峻別し，意見については，Who says so? を明らかにするよう気をつけています。でも，これを裏返せば，意識的に，人に気づかれず，ある方向に人々の意識を向けるよう書くことは可能だということです。英語では，そのようなことを，「spin をかける」といいます。視聴者の立場から考えますと，いつも心のどこかに，そのようなことに対する警戒心が必要でしょう。

73

イコールタイム・ルール

　公平という点では，対立する立場に，同じ長さの時間を割り当てることも大事です。アメリカでは1934年の通信法で，「イコールタイム・ルール」が設けられていました。「立候補者に同じ時間を与え，公平に扱う」ことが主眼でした。これが，前述の「公正原則」（fairness doctrine）に発展したものです。

　この原則を基に，CBSは，マッカーシー番組の一週間後，同じ長さ（30分）をマッカーシーに無料で提供し，彼の反論をそのまま放送しています。

　「同じ長さ」という点では，何かの展開の後，政党の談話を書くときなど，注意が必要です。政党は，与党から始まって，議席の多い順に出てきます。初めに長く書いてしまうと，あとの政党のコメントが読めなくなってしまいます。そのため，野党から抗議の電話をいただいたことがあります。その政党を無視したわけではなく，書き方がまずかったのですが，聞いている方々にはわかりません。

　「公正原則」は，「公共のものである電波」を使うことが前提でしたが，アメリカではケーブルテレビや衛星放送の急速な発展にともなって，放送を届けるメディアが多様化し，レーガン政権の規制緩和の一環として，1987年廃止されました。これによって，特定の立場に立って報道するケーブル局などへの道が開かれました。

　ジャーナリストの河村雅隆氏は，著書『放送が作ったアメリカ』で，これが，「ボディーブローのようにアメリカの放送界に影響を与えている気がしてならない」と語っています。なぜなら，「現在のアメリカの放送界では，利害や意見の対立する問題を扱ったニュースや番組を放送する際，誰がその内容やバランスを判断するかと言えば，それはひとりひとりのジャーナリストや放送人の見識」だけになってしまったから」（同，p.114）と。

9.11

　「偏らない立場からの報道」は，何かの理由で社会の座標軸がずれると難しくなるようです。「赤狩り」のときがそうでした。共産主義を恐れるあまり，反共の方に軸がずれました。9.11事件のあとアメリカでは，愛国精神の方向にずれ（Zelizer and Allan, ed. *Journalism after September 11*, p.xv.），

報道や分析にあたって、偏らない立場で伝えることが難しくなったようです。

　9.11について考えるとき、大きなポイントは、「これは一体、何だったのか？」ということです。「飛行機を乗っ取って、ニューヨークとワシントンDCの建物にぶつけたテロ、または犯罪」だったのか、「アメリカという国・アメリカの価値観に対する戦争」だったのか。

　応用言語学者サンドラ・シルバースタイン氏は、9.11当日、ブッシュ大統領が "Make no mistake: The United States will hunt down and punish those responsible for these cowardly acts."（「はっきり言っておく。アメリカは、この卑怯な行為の犯人をどこまでも追い、これを罰する」と語ったとき、「実際に何をするのか」、次の三つの可能性のいずれかを示唆していたと考えられると言います。①隠密活動で犯人を捜し出し、暗殺する、②密かに捜査して、犯人を逮捕し、アメリカの法律または国際法の下で裁く、③軍事行動を起こす。(Silberstein, *War of Words, Language, Politics and 9/11*, p.5)

　シルバースタイン氏は、その後のブッシュ大統領の発言を段階的に分析。大統領は、「言葉を戦略的に使って（"the strategic deployment of language" 同、p.xiii)」、次第に、この事件を、「単に、ワールド・トレード・センターに飛行機をぶつけた犯罪」ではなく、「アメリカの生き方、アメリカの自由 ("our way of life, our very freedom") に対する攻撃」との見方を定着させ、「テロとの戦い ("the War on Terror")」の名の下、国を③、軍事行動に導いたといいます。（同、pp.5-6)

　早い段階で犯人はアルカイダと断定され、首謀者とされるビン・ラディンの引き渡しを、アフガニスタンのタリバン政権に要求。タリバン政権が拒否すると、事件から1カ月後の10月7日、アフガニスタンに対する爆撃が始まります。

　アメリカのメディアは驚くような速さで戦争を支持します。当時CBSイブニングニュースのアンカーだったダン・ラザー氏は、インタビュー番組で、「ブッシュは大統領だ。ブッシュが私に命令するなら、私は一人のアメリカ人として、戦いに駆けつける」と発言。ジャーナリスト仲間を驚かせたそうです (Zelizer and Allan, ed. *Journalism After September 11*, p.xv)。

　軍事行動に反対すると「国に対して不忠誠」といわれました。「アメリカ大学管財人・同窓会協議会 (the American Council of Trustees and Alumni)」

は，事件から3カ月後の11月，政府の政策に疑問を呈した大学関係者についての報告書を作成しています（Silberstein, *War of Words*, pp.127-147）。

　報告書では，「テロとの戦争」に批判的な大学人を「反アメリカ的（"un-American"）」と呼び，「アメリカの知識階層が，9.11に対応するアメリカの弱いリンク（"the weak link"）となって，敵を喜ばせている（…"they give comfort to its adversaries."）」とし，その事例をリストアップしています（http://www.commondreams.org/views01/1213-05.htm）。un-Americanやgive comfort to enemiesは，まさに赤狩り時代に使われていた言葉です。

　多くの著名人がリスト入りしました。名門私立大学のウエスリアン大学学長は，「アメリカや世界での格差と不公正が，憎悪や暴力を生む」との発言で。ストローブ・タルボット元国務副長官は，「あの犯人たちは，絶望し，怒り，全てを奪われた人々なのだ」との言葉で。ジェッシ・ジャクソンは，「我々は爆弾や壁だけでなく，橋や信頼関係を築かなければならない」とのハーバード大学での演説で。スタンフォード大学の教授は，「オサマ・ビン・ラディンが背後にいたとの確証があるなら，彼を国際法廷に引き出し，人類に対する罪で裁くべきだ」との発言のため（Silberstein, *War of Words*, p.128）。

　「テロとの戦い」が何を意味するか，アメリカ内でも，考え方に微妙な違いがあるようです。ブッシュ政権は，「世界中のすべてのテロリストとの戦い」を求め，アメリカ議会は，「9.11の攻撃を計画，承認，実行した人々，アルカイダとタリバンに対してだけ，武力を使う」との決議文を採択しています。(Jennifer Daskal, Stephen I. Vladeck, *International Herald Tribune*, 2013年5月17日)

　「テロとの戦い」が「通常の戦争」とどう異なるか，毎日新聞特派員の大治朋子氏が，『勝てないアメリカ』で分かりやすく示してくれています。まず，誰が相手かということ。正規軍対正規軍の戦いではありません。アフガニスタン戦争の場合，アメリカ主導のNATO軍対国際テロ組織アルカイダとそれを助けるタリバン。その二者の間のゲリラ的な地上戦です（同，p.51）。また，アメリカ国内から，コンピューターを使い，無人機（drones）でテロリストの拠点（とされる地点）への爆撃を行っており（p.204～），市民も犠牲になっています。

米軍のハイテク兵器と武装勢力側の安価な「手製爆弾 IED（Improvised Explosive Device」との闘い（同，p.11）。勝負は圧倒的にアメリカ有利のように見えながら，ベトナム戦争より長期に及んでいます。

10年目の2011年5月2日，オバマ大統領は，ビン・ラディンを①の方法で抹殺しました。2012年5月，シカゴでのNATO首脳会議で，大統領は，「アフガニスタン戦争の責任ある終結と，復興支援」を発表。アメリカが主導するNATO軍の少なくとも戦闘部隊は，2014年末までにアフガニスタンから撤退することになっています。「明らかな勝利のないまま，イラクでの成果もはっきりしないまま」（Elizabeth Bumiller, *International Herald Tribune*, 2012年5月29日）。

テロという大きな問題にどのように対応すべきか。私たち一般人には，とうてい分からない問題ですが，「犯人（とされる人々）がいた国」全体を攻撃するという発想には，ちょっと驚きます。「本当に，そんなことしていいの？」と。シルバースタイン氏も，「市民の犠牲についての論議はほとんどなかった」と言います。（Silberstein, *War of Words*, p.xiii）

9.11のあと，ブッシュ大統領が「テロとの戦い」としてアフガニスタン戦争を始めたのも，オバマ大統領が「責任ある終結」を決めたのも，「米国の国内事情に大きく起因」と大沼氏は言います（大沼，「勝てないアメリカ」p.ii）。ブッシュ大統領は，強い立場をとることで支持率を上げ，オバマ大統領には，巨大な軍事費が重荷です。それならば，飛行機を乗っ取り，ワールド・トレード・センターとペンタゴンに突っ込んだテロ行為に対応する道は，「テロとの戦争」以外になかったのでしょうか？

「米メディアは9.11以後，非国民や裏切り者と呼ばれることを恐れるようになった。その結果，イラク戦争で大量破壊兵器が存在するとウソをついた政府に操られた」と，ベトナム戦争秘密文書（ペンタゴン・ペイパーズ）を公表したダニエル・エルズバーグ氏は言います（「朝日新聞」2011年6月23日朝刊）。

マローが「マッカーシー番組」で言ったように，「We must not confuse dissent with disloyalty.（人と意見を異にすることと，国に対して不忠誠であることを，混同してはならない」（Bliss, ed. *In Search of Light*, p.247）ということですね。日本で，これから高まってきそうな改憲論議でも，心した

いことです。

　アメリカは，人と意見を異にする権利，偏らない立場からの公正な報道という理想を追求し，実現してきた国です。その原則がお預けになってしまう条件が三つあるとされています。「悲劇的な事件・迫りくる危険・国家の安全に対する脅威」です（Zellizer and Allan, ed. *Journalism after September 11*, p.xv）。9.11は，その三つが見事にそろったように見える出来事でした。メディアは「愛国心」の側に急速に傾きました。どの国も，メディアが原則を離れるとき，国がよい方向に進むのは難しいようです。

第4章

ハードル1

日本語原稿をもとに英語ニュースを書いていますと，いろいろのハードルにぶつかります。この章では，言語としての日本語と英語の違い，日本のニュースと英語ニュース，そして，翻訳の落とし穴について考えます。

日本語と英語の違い

お話の進め方

　日本語と英語では，お話の進め方がまるで違います。例えば，「ＸＸ県ＯＯ市で今日未明，火事がありました」のような簡単な文でも，日本語の場合は，まず，場所，時間で「場面設定」をしてから，本題に入ります。英語では，A fire broke out … と，ポイントから切り出します。

　つまり，日本文は前置きが長く，何が言いたいのか，最後まで分かりません。いわば，サークル形の文です。円の出発点から始まって，グルッと一周し，出発点に戻って初めて，何が言いたいのか分かります。

　英文は直線型です。結論から書き始めます。そして，一つの言葉，または文の意味がわかったことを前提に，次の言葉，または文に移ります。つまり，わかりやすい英文を書くには，サークル型を直線型に書き換える必要があります。

　「直線型に書き換える」ためのキーワードは，「論理的に」です。このことは，「第１章ニュースの形──お話の進め方」のところで述べました。英語は「論理的」な言葉です。理屈に合わない話を英語で書こうとすると，難しいです。そこで，日本文を英文にするときは，話の順序を根本的に変えます。日本文の順序通りに「翻訳」しても，相手に分かる英語にはなりません。どんな目的で英文を書くとしても，放送英語ニュースの書き方に大きなヒントがあると考えるのは，そのためです。

日本文は主語が無くても書ける

　名文家で知られる井上ひさし氏が，作文教室で生徒さんに，主語を省くよう助言しています。「日本語は主語を削ると，とてもいい文章になるというのが鉄則ですから，なるべく主語を消していく」（『井上ひさしと141人の仲間たちの作文教室』，p.63）。そして，「私は私の夫を殺したいと思っている」と書くより，「夫を殺したい」という方が，リズムがあって怖いと（同，p.64）。

日本語は文末の形から，主語がなくとも何が主語かが分かるという珍しい言語です。私が昔学んだウイスコンシン大学の文化人類学者，ウイリアム・W・エルメンドルフ教授によれば，これは先史時代の日本が，極めて長い間，きびしい階級社会であったことを示しているそうです。その結果，語尾だけで，相手が目上か目下かがわかるような言語構造になったといいます。

　そこで，主語がはっきりしない日本文を英語で書くときは，「誰がそれをするのか」，「制度的にそれができるのは誰か」を考えなければなりません。例えば，「焦点は，衆議院解散です」のような文。受け身で書くことはできます。

The focus is on when the Lower House will be dissolved for a general election.

　でも，これはちょっと弱いですね。「誰が衆議院を解散するのか？」憲法上，解散権があるのは，総理大臣です。そこで，

The focus is on when the Prime Minister will dissolve the Lower House for a general election.

とした方が，力強い文になります。

　井上ひさし氏は，また，「日本語は主語を隠し，責任をあいまいにするのに都合がいい。そのあいまいに紛れて多くの人が戦争責任から遁走した」とも語っています（「朝日新聞」天声人語，2010年4月13日）。

意味の範囲が違う

　同じことを言っているように思えても，日本語と英語では意味の守備範囲が違うことがあり，注意が必要です。

　私は naked ということばで，おかしな間違いをしたことがあります。愛知県に国府宮という神社があり，冬に「はだか祭り」という行事があります。褌（ふんどし）姿の大勢の男たちが，拝殿の前でもみ合い，その年の「神男」にさわろうとします。「神男」にさわると，厄が落ちるといわれているからです。

そこで私は，Many naked men gathered in front of the shrine. などと書いて，リライターに送りました。すると，イギリス人のリライターが，"Nonogaki-san, are you sure?" といいながら，やってきました。"naked" であるはずがない，というのです。"Oh, yes, they are naked." と私。"You mean almost naked?" "But, of course."

　私は "almost" で爆笑してしまいました。"naked" といったからといって，全く何も着ていないなど，ありえないと思っていたのです。でも，イギリス人にとって，"naked" の意味はただ一つ，「丸はだか」なのです。お相撲さんもみんな，almost naked なのです。

　日本文学の研究者で日本語が達者なマーク・ピーターセン氏は，日本語を使うときは，「英語の意味的カテゴリーをできるだけ頭から追い出さなければならない」（ピーターセン，『日本人の英語』，p.43）と言っています。同様に英語を書くときは，「日本語の意味的カテゴリーをできるだけ頭から追い出さなければならない」のです。

小さいけど大きな問題

　英語には a dog, dogs のように単数と複数の違いがありますが，日本語にはありません。これは小さいことのようで，英文を書くとなると，なかなかの難問です。あらゆる場合について，一つかそれ以上か確認しなければなりません。

　ある地方都市が，「暗視カメラとロープ収納装置付きの防災ヘリを備え付けた」というニュースがありました。これを書くには，防災ヘリが一台か，二台以上か，一台のヘリにつき，暗視カメラは一つか二つ以上か，ロープ収納装置は一つか二つ以上か，全て確認しなければなりません。こんなときは，市役所に電話します。とても親切に教えてくれます。

　テレビニュースの場合，映像がありますので特に注意が必要です。「東名高速道路で，乗用車とトラックの衝突事故」というので，それぞれが一台ずつと思って大急ぎで書いたあと，オンエアで映像を見ていますと，何台もあちこちを向いて止まっていたりして，「しまった」と思っても，もう遅いです。

　ところで，日本語を学んでいる外国の方々には，日本語の物の数え方は頭痛

のタネのようです。犬や猫は「一匹」，馬や牛は「一頭」，木は「一本」，紙は「一枚」，服は「一着」，飛行機は「一機」，車は「一台」，家は「一軒」，学校は「一校」……英語では，みんな one ですから。

「ことば」は１対１ではない

　日本語では一つの単語で，英語では種類によって別の単語が使われているものも，苦労します。ある時，ホテルで，お客さんに出した「エビ」の殻を使って，大きな五重塔を作ったというお話がありました。「エビ」とは，とっさに，shrimps かと思いましたが，「映像」を見ますと，オマール (lobsters), 伊勢海老 (spiny lobsters), 車エビ (prawns), 小エビ (shrimps) など，ありとあらゆる種類のエビの殻で，見事な五重塔が出来ていました。

　「帽子」も困ります。「犯人の帽子が見つかる」とは，a hat か a cap か？「模様」で失敗したこともあります。「サルの模様のある柱」。後で考えますと，これには少なくとも，三つの可能性がありました。サルの模様が「carved（彫りこまれている）」，「embossed（浮き出ている）」，または，「painted（描かれている）」。私は carved と書きましたが，映像では embossed でした。

　日光東照宮の「Three wise monkeys―見ザル，聞かザル，言わザル」も，embossed ですね。

　「牛」も困ります。a bull（雄牛），a cow（雌牛），an ox（主に，去勢牛），cattle（牛全体）。地方のある神社で，お正月に参拝者がそれぞれ「牛の置物」を供えて，新年の無事を祈るというお話がありました。「牛の置物」って，オスの？ それともメスの？　考えても分かりませんので，神社に電話しました。留守番の女性が，「そんなこと，考えたこともない」ということです。「でも，その置物に角はありますか？」などと訊ねたりして……ここは，cattle figurines で逃げました。「丑年」は，なぜか the Year of the Ox 。一般に，生活に密接に関連したものほど，いろいろの言い方があるそうです。アラスカのインディアンには，「雪の状態」を表わす言葉がたくさんあると聞きました。牛も英語圏では，古くから馴染み深い生き物なのでしょう。

　牛と牛肉（beef），豚（pigs）と豚肉（pork）など，動物とその肉には違う言葉があります。注意しないとおかしなことになります。「鹿児島産のおいし

第4章　ハードル1

い黒豚」が, delicious black porkと書いてあって, リライターが卒倒しそうになったことがあります。「真っ黒な豚肉」なんて, 不気味……リライターは, delicious black pigs raised in Kagoshimaと書き変えました。専門的には, おいしい黒豚は, Berkshire pigsと言うそうです。そこで, delicious Berkshire pigs raised in Kagoshimaとも言えますね。

「あぶら虫」でおかしな間違いがありました。バラの茎に無数の小さな青い「アブラムシ」(a plant louse, plant lice) がいる映像に, lots of cockroaches (ゴキブリ) とのナレーションがついていました。

水仙も危険です。冬に白い小さな花をつけるのは, a narcissus。ギリシャ神話で, 泉に映る自分の姿に見とれた美少年が, とうとう一本の花になったとのお話からきている花の名です。イギリスの詩人ワーズワスが, 森の中の大群落に出会って, 春のよろこびを謳いあげた, 大きくて黄色い花は, 同じ水仙でも, a daffodil。この二つ, 映像と合わないとおかしいです。

「孤独」は, lonelinessともsolitudeともいいます。東日本大震災の後, 仮設住宅に入った人が, 「孤独に震える」と語ったとき, どちらを使うか。lonelinessはさみしくて悲しいとき, solitudeは孤独を楽しんでいるとき。

「魚釣り」は, 職業としてする人は, a fisherman。趣味でする人は, an angler.

「旅をする人」では, a touristは, 楽しみで旅行する「観光客」。a travelerは, 心の旅路をたどるような, 「旅人（たびびと）」という感じです。

「～を求める」は, ask, urge, demandのどれを使うかで, 違った話になります。He asked her to come.（来て下さい, と頼む）, He urged her to come.（来て, と懇願する）, He demanded that she should come.（来い, と要求する）

「理解を求める」とは, to seek understanding（分かって欲しい）のか, to seek support（支持して欲しい）のか。

ニュアンスが大きく変わるという点では,「反省」があります。To reflect upon oneselfやto do soul-searchingは, 同じ「反省」でも,「誰の責任ということには関わりなく, 深く考えてみる」という感じです。to express remorseは,「自分の責任を痛感し, 過去の行為を悔む」という意です。

85

ワシントンポスト紙の東京特派員，トム・リード記者は，あるとき，当時の渡辺美智雄外務大臣と話していて，従軍慰安婦の話になり，通訳が「Japan feels deep remorse.」と訳したので，これは大きなニュースだと，早速，「日本の外務大臣，remorseと言及」という見出しで，アメリカの本社に記事を送ったそうです。あとで，そういう意味で言ったのではないとの抗議があったということです。

　「品格」も難しいです。政治家の品格，ジャーナリストの品格，お相撲さんの品格……。これらすべてに，同じ単語を使うことはできません。それぞれの立場に求められるものが違うからです。政治家の場合はstatesmanship，ジャーナリストはintegrityでしょう。横綱の品格は？　これは迷います。sportsmanshipかな？　ちょっと違いますね。国技ということで，土俵外での行動にも関わることのようなので，dignity, as a sumo wrestler in the highest rank of the sumo worldなどかな？

言葉のかけはし―似て非なるもの

　2011年3月11日東日本大震災の後，一定の期間，NHKのほとんどのニュース番組が2カ国語放送になりました。外国からの方々に必要な情報を伝えるためです。これは全て，同時通訳者のご活躍でした。

　私は1993年から2003年まで，当時のNHK情報ネットワーク（現在のNHKグローバル・メディア・サービス）の国際研修室が行っていた「放送翻訳」のコース（現在の「ニュースライター・コース」）を教えていました。そのとき，ごく短い間（3か月），同時通訳の方々に，「英語ニュースをどう書いているか」を説明したことがあります。同通は，ライターが書くのが間に合わなかったニュースや，急に飛び込んできたニュースを通訳するため，いつも二人スタジオに入っています。

　ニュースライターとしては，私たちがポイントを明らかにし，背景説明を入れ，分かりやすく書いたニュースを，英語が母国語のアナウンサーが読むのが一番わかりやすいと思っていますので，「絶対に間に合わせるぞ！」という意気込みで書いています。でも，不可能なときがあります。9.11もそうでした。

　この日，私はトップ項目，「台風，北海道に上陸」を書いていました。オン

第4章　ハードル1

　エア数分前,「台風の被害」の最新情報が入り,それを書き入れるためスタジオに向かおうとしたとき,「ニューヨークのビルに,飛行機が突っ込んだぞ」と誰かが叫びました。「飛行機事故だ」と思いました。スタジオで,台風で被害を受けた家屋の最新情報を書き入れているとき,オープニングのテレビ画面に,二機目の飛行機が,二つ目のワールド・トレードセンター・ビルに突き刺さるのが見えました。そこからは,全てが同時通訳者の舞台となりました。

　1986年の三原山の噴火のときもそうです。7時のニュースが始まる直前に噴火のニュースが入り,そうなると,ライターは聞いている以外,することはありません。

　なぜ,同通の方々に「英語ニュースの書き方」をお話ししていたかというと,日本語原稿は入ったが,書く時間がないとき,どこにポイントをおいて通訳するかを考えていただくためです。そこで気がつきました。日本語と英語のかけはしといっても,同時通訳とニュースライターでは,取り組みがまるで違うということです。

　同通の方々の訓練の根本は,耳から聞いた言葉を,始めからすべて英語にすることと思われます。ニュースライターの仕事は,「選択」から始まります。「何がポイントか?」,「重要な詳細はどれか?」,「切っていいものはどれか?」……

　これはもちろん,「日本語原稿が事前に入った場合」という前提つきですが,「ニュースのポイントを瞬時に判断して,英語で伝える」,それがニュースライターの仕事であることを,同通の方々に知っていただきたいと思いました。

　今,多くの同通の方々が,ライターもしておられますので,理想的な形ですね。私は,逐次通訳は多少したことがあります。お話をメモしながら,「この方の言いたいことはこれ」と判断して,分かりやすく伝えるのが楽しかったです。でも,同通はできません。自分より英語ができる方々に,「英語でどう伝えるか」を話すのは,ちょっと辛いものがありました。

❷

日本語のニュースと英語のニュース

　日本語のニュースから英語のニュースへの橋渡しをする時，どういう点に気を付けているか，書いてみます。

「事実」か「意見」か？

　日本語ニュースでは，「事実」か「意見」か，はっきりしないことがあります。これは根本的には，日本語のもつあいまいさの問題ですが，うっかり言葉通りに「翻訳」しますと，「意見」を「事実」のように書いてしまうことがあります。

　例えば，「X会社の課長が五千万円着服していたことがわかりました。これはA社が記者会見で発表したものです」というような文。問題は，「わかりました」という表現です。A section chief is found to have embezzled 50 million yen. と書きますと，文字通り「着服していたことがわかった」という意味で，着服を「事実」として書いてしまいます。

　これはX社が記者会見で発表したわけですから，情報源は明らかです。しかし，本当にこの課長が着服したかどうかは，会社が告訴し，警察が捜査して，容疑が固まったら逮捕し，検察が起訴し，裁判の判決が出るまで，「事実」かどうか，分かりません。これは，本人が事実と認めている（と伝えられている）としても，同じです。

　ここは，第三章で述べましたように，"Who says so?" を明らかにし，Company X says a section chief has embezzled 50 million yen. または，A section chief is alleged to have embezzled 50 million yen. などと書きます。会社がそう言っている，あるいは，この課長にそういう疑いが生じているのは，事実ですから。

第4章 ハードル1

日本語では情報源がはっきりしないことが多い

　日本語のニュースでは、「誰がそう言っているのか」、情報源がはっきりしないことが多いです。「～とみられます」、「～が明らかになりました」、などでは、「誰がそうみているのか」、「誰にとって明らかになったのか」が分からず、英語で書くとき困ります。主語が設定できないので、苦し紛れに受け身で書いたりします。

　ジャーナリストの藤田博司氏も、著書『アメリカのジャーナリズム』で、「情報源の扱いに関する限り双方（日本とアメリカ）の間には驚くほどの違いがある」（p.119）と語っています。

　ライターとして大切なのは、日本文を読むとき、情報がどこから出ているかを、注意深く考えることです。専門家の分析のときは、Experts say… などと書きます。「……という見方もあります」とあれば、Some experts say などと。明らかに特派員の分析と思われるときは、Our correspondent says…. と書いたりします。その他、火事や飛行機事故の原因、経済見通しなどで、ある特定の人々の判断（「意見」）を、「事実」として断定的に書いている印象を与えないため、それを言いそうな人に言っていただくことにしています。Fire fighters say… Economists say…, Airplane-accident investigators say… などと。

　国際研修室のニュースライターのコースを教えていた時、このようなお話をしますと、生徒さんの一人が、「それでは、一種の window dressing（粉飾）をするようなものではありませんか」と言われました。ある意味、鋭いですね。でも、そのような情報源は、日本語原稿に書いてないだけであって、追求すれば、その出所にたどりつきます。それを英語ニュースのルールに従って書くだけなのです。

　ある時、私はデスクに、日本語ニュースには「警察によると」のような言葉が少ないのはなぜでしょうか、とたずねたことがあります。デスクは、「そのようなことは、暗黙のうちに理解されているからだ」と言われました。私は日本語あるいは日本文化の何かに触れたような、不思議な感銘を受けたことを覚えています。

　裁判員制度が始まって、警察による逮捕が、犯罪事実の確定と思われないよ

うに，新聞や放送で，「警察の発表によりますと」や「警察への取材で」のような言葉が加えられることが多くなったのはよいことだと，池上　彰氏も「新聞ななめ読み」で語っています（「朝日新聞」2009年6月8日朝刊）。

婉曲にいう日本語，詳細をつめる英語

　日本語では，詳細をきちんと書かず，大まかに，あいまいにまとめて書いてあることが多く，英語で書くとき迷います。

　ある裁判ニュースで，起訴事実を「大筋で認めた」という表現がありました。「大筋で」と言っているので，全部認めたのでないことは分かります。でも，どの起訴事実を認め，どれを認めなかったのか。外国通信社はいずれも，三つのうち，二つは認め，一つは認めなかったと起訴事実を特定して書いていました。でも，一つの報道機関のニュースの英語版を書くとき，基本的な事実で，別の報道機関が取材して書いたことを，そのまま書き写すことはできません。

　迷った末，私は，The defendant basically pleaded guilty to prosecution charges と書きました。今でも，これはよくなかったと思っています。被告が認めたよりも大きな罪を認めたように，受け取られたかもしれません。

　実際に何をしたか分からない表現もあります。あるとき，「通常国会の最終日に3法案を処理しました」とありました。一つの法案は「成案（enacted）」に，二つ目は，「次の会期まで棚上げ（shelved）」に，三つ目は，「廃案（killed）」になったのでした。これはリードではありませんし，日本語でも（従って，英語でも），アナウンサーがこの部分を読む時間は短いと考えました。そこで，情報の重要性を考え，成案になった法案だけを簡単な説明と共に書きました。

　「ら」も困ります。「大阪の会社員らを逮捕」など。この「ら」は，会社員が2人以上いるのか，会社員とそれ以外の職業の人がいるのか。全体で2人なのか，3人以上いるのか，分かりません。無視すると正確ではなくなるとの思いから，… and others. などと書きますが，意味あることを書いたような気はしません。

　「など」もそうです。「円高などの要因で，景気の下降リスクが高まっています」……due to the stronger yen and other factors …?「… and others」の類は，書きたくないというのが本音です。でも，「円高」だけの要因ではな

いわけで……と考えて、書いてしまいます。

「詐欺容疑で、山田太郎（仮名―筆者）常務ほか5人逮捕」というニュース。Police have arrested a managing director, Taro Yamada, and four others on suspicion of fraud. に、アメリカ人のリライターが抗議しました。「これは不公平な書き方だ。全員の名前を出すか、誰の名前も出さないかだ」と。「なるほど」と思い、以来、私はこのような場合、名前は出さないことにしています。デスクによっては、「日本語通りに書けよ」と、書き加えている方がおられるかもしれません。

日本語ニュースには背景説明が少ない

海外のニュースに比べ、日本のニュースには背景説明が少ないと感じます。最新の展開だけを伝えることが多いようです。放送の場合、時間が短いのでそうなるのでしょうが、それでもBBCなど海外メディアは、一つひとつのニュース項目について、その時の最新の情報とともに、全体像がわかるよう、ごく短くですが、背景を伝えていることが多いです。いつもニュースを聞いている人にも面白く、初めて聞いた人にも分かるようにとの配慮でしょう。

例えば、「韓国と北朝鮮が合同で行っていた金剛山観光再開についての動き」（BBC World, 2011年7月13日）。

（リード）

Officials from South Korea have arrived in the North to discuss the fate of a joint tourist project which was closed in 2008 after a dispute.
（韓国政府関係者が北朝鮮に到着。2008年の紛争以来途絶えている合同観光事業について話し合うため）

（紛争って？）

The resort at Mount Kumgang in the North was closed after a South Korean tourist was shot in a restrained military

area nearby.**
（事業は，北の金剛山で，韓国の観光客が，入場が制限されている近くの軍事区域に入って撃たれた後，中断）

（そもそも，どれくらいの人が観光に来ていたの？）
Three thousand South Koreans used to visit the resort every year. ###
（それまでは，毎年3千人ほどが韓国から訪れていた）

たった三つの文で，最新の展開（再開への動き），中断された理由，観光事業の規模を書いています。絵でいえば，近景，中景，遠景を描いて，全体像を明らかにするというところです。このようなニュースを聞きますと，モナリザの絵を思います。モナリザの顔（近景，最新の出来事）は，モナリザの髪や衣服（中景）と背後の山や川（遠景）があってはじめて，生きてくる（その出来事の意味が分かる）という感じです。

書き手が背景を知らないと……

　ライターが背景を知らないと，変なニュースを書いてしまうことがあります。2011年5月18日，福島原発事故の後，台湾で原発防災訓練が行われ，インターネットで，次のようなニュースを見ました。

Participants put out a fire inside the plant, and sprayed water from fire trucks toward the reactor building and a facility housing a pool for spent nuclear fuel.
（下線筆者）

　この文を読みますと，この訓練の参加者は，①原子炉建屋の中の火事を，（その建屋の中に入って）消し，そのあと，②消防車から，その原子炉建屋と，（もう一つ別の）使用済み核燃料プールのある施設（つまり二つの別の建屋）に向かって放水したことになっています。

第4章　ハードル１

　この訓練は，福島原発事故のシミュレーションということです。そこで，二つの疑問が生じます。①水素爆発の後，放射性物質であふれた原子炉建屋に入って，消火活動をしたということですか？　②福島の場合は，原子炉と使用済核燃料プールは同じ建屋に入っています。台湾の場合は，異なる建屋に入っているのでしょうか？　テレビの場合，映像がありますので，書き手にとって，建屋が一つか二つかは大きな問題です。

　このサイトには動画があり，一つの建屋から猛烈な煙が出ており，それに向かって消防車から放水をしています。その煙が消えた後，同じ消防車から，同じ一つの建物に向かって放水を続けています。そこで，もう少し状況に合ったように書きますと……

Participants in the drill sprayed water from fire trucks to put out a fire inside a reactor building. They then continued to spray water at the building itself to cool down a reactor and a spent nuclear-fuel pool in the building.

　これは小さいことですが，詳細まで正確に書くことは，ニュースの命です。

視聴者は誰？

　当然のことですが，日本語原稿は日本人の視聴者のために書いてあります。英語ニュースは広く世界中の視聴者に向けて書くものです。そこで，日本語原稿には書いてあっても，英語ニュースでは書かない情報と，日本語原稿には書いてなくても，英語ニュースでは書く情報とがあります。社会・歴史・文化の違いについてのものは次の章で触れます。

　ニュース情報という点では，飛行機事故の時，「日本人乗客に被害者はありません」のような文は，英語ニュースでは書きません。日本人のことしか心配していないように思われるといけませんから。

　スポーツの報道で，日本人選手の結果だけが書いてある原稿は困ります。「フィギュア・スケート男子シングルで，日本の高橋大輔選手は３位」など。このようなときは，誰が１位・２位かを調べ，それを最初に書きます。

③

翻訳の落とし穴

落とし穴——その1

　日本文の言葉をそのまま翻訳しますと，思わぬ意味を伝えてしまうことがあります。

　「日米首脳は防衛協力について率直に話し合った」を，The leaders of Japan and the United States had frank talks on defense cooperation. と書いたとします。外交上，frank は暗に「口論した」という意味になるそうです。

　この日本文は，「事実と意見」を混同しています。「日米首脳が話し合った」のは，「事実」。その話し合いが「率直」だったかは，「一つの見方」，つまり，「意見」です。そこで，「事実と意見」を分けて書きます。The leaders of Japan and the United States held talks on defense cooperation. Japanese Prime Minister X later said they had candid talks. のように。

　「天皇と皇后は沖縄旅行から無事帰られました」を，The Emperor and Empress have returned safely from a trip to Okinawa. と書きますと，何か，危険が予期されていたかのように聞こえます。safely は不要です。

　「一万人がお祭りを楽しみました。」Ten thousand people enjoyed the festival.

　これは一万人の人出があったということでしょう。楽しんだかどうかは分かりません。Ten thousand people attended (came to) the festival. などとします。

　あるとき，お祭りの話で，God appeared from behind the curtain. という原稿を読んでいて，アメリカ人のアナウンサーが，オンエア中に吹き出してしまいました。「神が幕の後ろから現れ……」という文を訳したものでした。日本語で「神」といいますと，いろいろの神様がいるわけですが，英語の「God」は，イエス・キリストだけです。A man posing as a deity... などと書くべきだったのでしょう。

94

日本文にあっても，英文に書くとおかしい言葉があります。「爆弾が<u>突然</u>爆発し……」A bomb exploded <u>suddenly</u>. 爆弾は「突然」爆発するものです。「報告書を<u>詳しく</u>分析した。」He analyzed the report <u>in detail</u>. analyzeは「詳しく分析する」という意味です。馬から落ちて，落馬してのような感じになります。

　He strongly urged her to come. も同じです。urge は「強く求める」こと。grave financial difficulties では，grave は不要です。difficulties で表現されています。

落とし穴——その2

　上の例は，私のように日本語が母国語の人間が英語を書くとき，気をつけねばならないことです。

　ところで，私たちの仲間には，英語が母国語の方々もおられます。その方たちが日本語の言葉をそのまま英語にした中には，なかなか想像力に富むものがあります。お許しをいただき，ここで2，3例をあげてみます。

　外野手（an outfielder）が，a foreign baseball player に。（<u>外</u>人の<u>野球</u>選手？）

　石畳（a stone pavement）が，a tatami made of stone に。（眠りづらいかも）

　白むくが，a white kimono に。（花嫁衣装，a wedding kimono のこと）

　「私は白川夜舟だった」が，I was a white river, a night boat. に。（???）

　（ぐっすり寝た，I was sound asleep. の意です。）

　帰国子女で，素晴らしく英語ができる女性の隣に座ってニュースを書いていた時のことです。「野々垣さん，三途の河原って何県にあるの？」と聞かれました。彼女が作業している日本語原稿を見ますと，「……そのようなことをするのは，三途の河原に石を積むようなものだ」とあります。川や山は，それがある県の名前も書くことになっているのです。

　「三途の河原（賽の河原）」とは，この世とあの世を分ける境目にあるとされる川の河原で，親に先だって死んだ子供が，父母を慰めようと小石を積んで塔を作ろうとするが，石を積むとすぐ，鬼が来て壊してしまう……という民話か

らきた言葉です。「甲斐のない努力をする」の意。ところで，家に帰って娘に訊いてみますと，「それって，何？」ということでした。私の教育が悪かったのか，私の年がバレバレ……なのか。

今の天皇が皇太子のころ，学習院で水泳の練習をしたというニュースがありました。「ふんどしを付けて」とあり，若い女性ライターが，「ふんどしって何ですか」とデスクにたずねました。デスクも困られたのでしょう。「越中ふんどしのことだよ」とだけ言われました。ところで，出てきた原稿には，「h-fundoshi」と書いてあったそうです。この説明が分かりやすかったかどうかは別として，「越中」はhに発音が似ています。

「花嫁」のこと

言葉通りに訳す危険について述べてきましたが，先のトム・リード記者は，日本語には雰囲気をよく伝えるすばらしい言葉があり，それはそのまま直訳していると言っておられました。

最も好きなのは［花嫁］だそうです。花嫁の初々しさと美しさを見事にあらわしていて，英語のa brideは，足元にも及ばないと。そこで，「花嫁」のことを書くときはいつも，a flower brideと書いていると言っておられました。

そこで私も，「桜鯛」のお話を書いたときは，cherry-blossom breamsと書きました。私はこの種類の鯛を英語で何というか知りません。でも，a kind of breamsとかpink breamsというより，その美しい姿のイメージを伝えることができたのではないかと思います。

第5章

ハードル2

日本のニュースを外国に伝えるとき，言葉の面でのハードルについて述べてきました。ここでは，それを包む社会・歴史・文化・生活の面でのハードルについて考えます。

第5章　ハードル2

社会・歴史の違い

社会の仕組みの違い

　出来事の意味は，社会のしくみを説明しなければ分からないことがあります。例えば，「与党の党首選挙」。日本は議院内閣制ですから，与党第一党の党首は，国会での議決で日本の首相になります。そういう意味で，そのような党の党首選挙は，単なる政党の党首の選挙ではありません。実質的には，日本の指導者を選ぶ選挙です。英語ニュースでは，それを説明します。

　2012年10月，民主党の代表選と自民党の総裁選が，ほとんど同時に行われました。当時は民主党政権で，BBC World は，野田佳彦氏が選ばれた時，He remains prime minister. と放送しています。自民党の安倍晋三氏の場合，Abe is certain to become prime minister if the Liberal Democratic Party wins the next general election. のような説明があると，出来事の意味が一層わかるでしょう。実際，後に，安倍氏は総理になりました。

　裁判制度も違います。日本では，有罪か無罪か（guilty or not guilty）の判決と量刑（sentencing）は，同じ日に言い渡されます。そこで，「被告は殺人罪で有罪，12年の実刑」などの判決が出たとき，私は，"The defendant has been sentenced to 12 years in prison on a murder charge." などと書いていました。量刑が出たのですから，有罪は明らかと考えたからです。

　ところがあるとき，私はリライターがこのようなニュースで，全く別の認識をもっていることに気づきました。彼は今日の判決は量刑だけで，有罪か無罪かの判決は，何日も前に出ていると思っていたのです。アメリカの裁判では，陪審員がまず有罪か無罪かの評決を下し，一定の期間を経て，裁判官が量刑を言い渡すことを，私はこの時，知りました，以来，初めに，The defendant has been found guilty of murder. のような文を，必ず書くことにしています。

　日本とアメリカの裁判制度では，他にも違うところがあります。日本では，

地方裁判所や高等裁判所の無罪判決に，検察が控訴することは珍しくありません。アメリカでは，無罪判決が出たら，裁判は終わりです。double jeopardy（一事不再理）の原則で，同じ被告が同じ罪で裁かれることはありません。

ネパールからの男性が被告となった東電社員殺害事件で，2000年東京地裁で無罪判決が出た後，検察が控訴した時，海外の通信社が一斉に日本のこの「驚くべき制度」について説明していたのが，印象に残っています。この事件では，2012年11月，最終的に無罪判決が出ています。

歴史を知る

日本のニュースで，背景説明をしないと分かってもらえないことは，たくさんあります。北方領土問題，竹島・尖閣諸島の領有権問題，憲法9条と自衛隊の海外派遣問題など。古くは，ハンセン病患者の扱い，中国孤児など。短く正確に背景説明を入れるため，普段からカードに整理したりしています。

沖縄の普天間基地問題も，沖縄の面積が日本の0.6パーセントにすぎないのに，在日米軍の専用施設の74パーセントが集中していることを書きますと，多少，問題の本質が見えてくるかと思います。

8月15日の終戦の日に，首相や閣僚が靖国神社に公式参拝するかどうかが毎年問題になります。第二次世界大戦後の極東国際軍事裁判（東京裁判）で「A級戦犯」とされた人々も祀られているため，中国や韓国の反発があります。英語ニュースでは，そこを説明します。

China and South Korea react against cabinet ministers' visit to Yasukuni Shrine, as Class-A war criminals are among the Japanese war dead honored there.
（中国や韓国は閣僚の靖国参拝に反発しています。靖国神社にはA級戦犯も祀られているため）などと。

野田佳彦氏が首相になる直前の2011年終戦記念日，先に，「A級戦犯は戦争犯罪人ではない」との見解を発表したとされることについて記者団に質問され，「基本的に変わりありません」と答え，内外で問題になりました。

この発言は，野田氏が2005年，「靖国神社参拝に関する質問主意書」で述べたとされるものです。これを英語に直訳して，例えば，In 2005, Noda said

Class-A war criminals are not war criminals. と書いたとしますと，海外でどう受け取られるでしょうか。東京裁判の判決そのものを否定したと，受け取られるのではないでしょうか。

同年8月末，野田氏は民主党代表選で党首に選出され，内閣を発足。この時，私はNHK WORLDの週刊ニュース Asia 7 Daysで，野田氏の企画ものを書くことになり，この発言の趣旨を調べました。すると，「近代法の理念として，刑罰が終了した時点で，受刑者の罪は消滅する」という考えに立っていることがわかりました。
(http://www.shugiin.go.jp/itdb_shitsumon.nsf/html/shitsumon/a163021.htm)

そこで，上の英文を少し変え，次のように書きました……

In 2005, Noda said Class-A war criminals are no longer war criminals under the principle of the law, after they have been executed or served their sentences according to the rulings handed down by the Tokyo war tribunals.

(2005年，野田氏は，法の理念の下，東京裁判の判決に従って，死刑を執行された，または刑期を完了した後は，A級戦犯も，もはや戦犯ではない，と語りました)

死刑になって，「罪が消滅」した人が祀られている神社に参拝しても，問題はないはずという考え方です。もちろん，罪が消滅したかどうかに関わらず，「何をしたか」が問題という考えもあります。いずれにしても，この例は，人の発言を，本人の真意を確かめないまま，言葉だけを「翻訳する」ことの危険を示しています。

言葉の意味と社会

社会や歴史の違いから，言葉だけを英語にしても，伝わるものはまるで違うことがあります。例えば，「いい大学に入るのは難しい」というような文です。It is difficult to get into a good university. といえば，日本文を英語にしたことにはなります。でも，日本のいい大学とは，「国立大学で，月謝が安いが，入学試験が難しい」。アメリカのいい大学とは，「私立で，お金がかかる」。そ

こで，こちらが言いたかったのは，「入学試験が難しいのですよ」であっても，相手は，「お金を払うのは大変です」と受け取るかもしれません。

「主婦（housewife）」という言葉への感覚の違いから，社会における女性の役割の変化が，英語圏の方がはるかに進んでいると思ったことがあります。1980年代のニュースにはよく「40歳の主婦」のような表現がありました。何も迷わず，A 40-year-old housewife … などと書きますと，アメリカ人のリライターが，housewife を woman に書き直すのでした。housewife という言葉は，「derogatory（人格を傷つける言葉）」と言っていました。

初めて聞いたときは驚きました。でも，なるほどと思ったものです。結婚して仕事をしていない男性のことを，house husband というのを聞いたことはありませんから（この言葉自体は，英語にあります）。

「現代社会における女性の役割を認めない言葉は，不快と受け取られる」（Yorke, *Basic TV Reporting,* p.52）ということですね。この頃日本でも，「主婦」や「母子家庭」という言葉は聞きません。「父子家庭」も「母子家庭」も，英語では，a single-parent family です。最近の日本のテレビドラマでも，「単親家庭」と言っていました。スウェーデンでは，「the Housewives Association（主婦連合）」が，「the Women and Family Association（女性・家族連合）」と名前を変えているとか（*International Herald Tribune,* 2010年7月21日）。ヘラルド・トリビューン（現在のインターナショナル・ニューヨーク・タイムズ）では，a homemaker という言葉を何度か見たことがあります。これは，男性・女性を問わず，"a person who works at home and takes care of the house and family"（*Oxford Advanced Learner's Dictionary,* p.745）のことです。「家事」を「一つの職業」と考える言い方でしょうか。

② 文化・生活の違い

　ニュースを伝えるとき，社会・歴史の違いは大体説明できますが，それを含む「伝統」，「文化」(heritage, culture) 全体となりますと，その「壁」を越えるのは，ある意味，一番やさしくもあり，一番難しくもあるようです。

「人間みな同じ」

　「一番やさしい」といえるのは，「結局，人間どこでも同じ」だからかもしれません。例えば，このごろはやりの言葉に「イクメン」があります。岡山大学の若い男性教員たちが育児に積極的に参加しようと，「イクメン」という小冊子の発行を始めたというニュースがありました。これは世界中どこでも共感をよぶでしょう。

　このようなお話を英語で書くときは，特に説明はいらないと思います。「イクメン」が，「育児」という言葉と，「イケメン」という「はやり言葉」からきていることを，ちょっと面白く説明してもいいかもしれませんが。例えば，"Ikumen" comes from the word, "ikuji," which means raising children, and the vogue word for good-looking men, "Ikemen." などと。

　アメリカでは，CBSのチャールズ・クロルト（Charles Kuralt）記者が，長年キャンピング・カーでアメリカ全土を巡り，小さな町の普通の人の生活を，On the Road シリーズとして，CBSイブニングニュースで放送していました。その中で，定年退職した大学教授が，大学を去り難く，掃除夫（janitor）になって，今もキャンパスに通い，掃除をしながら学生と話をし，導いているという話がありました。そうしたくなる気持ち，分かります。On the Road シリーズは，今，スティーブ・ハートマン（Steve Hartman）に引き継がれ，2013年9月28日（日本での放送日。スカパー，TBSニュースバード，チャンネル258，現在の572）には，次のようなお話がありました。

　オクラホマの78歳の女性が，夫の墓参りで泥棒に襲われ，700ドル入りの財

布を盗まれます。犯人は捕まり，その顔写真をテレビで見た15歳の少年が，行方知れずの父親と気づき，この女性に会いに行きます。少年が２歳のとき，両親は離婚。父親は何度も刑務所のお世話に。少年は父親に代わって，女性に謝ります。("If I didn't apologize, who would?"(「僕が謝らなかったら，誰が謝るの？」)

　そして，最近父親が，「好きなブラスバンドの旅行に行け」と送ってきた250ドルを，女性に渡します。「これがあなたのお金だったかは，わからないけど」と言いながら。女性は「ありがとう」と受け取った上で，「バンド旅行に行ってね」と，少年にそのお金を贈ります。

　どちらも，どこの国の人にも通じる，ちょっと心温まるお話ですね。(CBS On the Road シリーズも，インターネットで観ることができます。)

文化を越えて

　文化の壁を超えることが，「一番難しい」と思えるのは，青木　保の名著『文化の翻訳』が明らかにしているように，一つの文化に生きている人々が深く共有するものは，互いに言葉には表わさず，他の文化の人々がこれに気づくことも，理解することも難しい，ということがあるからかもしれません。

　ある文化の人々が，口に出さず，当たり前に行っていることが，別の文化の人々のそれと異なるため，誤解を生じるということは，たくさんあります。

　昔のベストセラー，小田　実の『何でも見てやろう』で読んだ記憶があるのですが，ご夫婦でフランスに留学された方が，結婚式に招かれ，奥様が日本では高貴とされる紫の地に菊の花の模様の和服で行くと，周りの人にとても嫌な顔をされたそうです。フランスでは，紫は未亡人の色。菊はお墓の花とか。

　若いころこの本を読み，私は絶対にアメリカに行きたいと思いました。それで実現したのが，ハワイ大学東西センターへの留学です。ハワイ大学東西センターとは，ケネディー大統領のアイデアで生まれた，アメリカ政府の奨学金による教育の場で，アメリカ，アジア，オーストラリアなど，太平洋地域の留学生をハワイ大学に集め，学問をしながら交流を図り，東西の理解を深めるという素晴らしいプログラムです。

　留学する時，プレジデント・クリーブランド号という豪華客船が，インドを

第5章　ハードル2

　出発点にアジア各地の港で留学生を拾い，最後は横浜から日本の留学生を乗せ，日付変更線を越えて，同じ日を2回過ごし，8日間かけてホノルルに着きました。船上では，毎日オリエンテーションがあり，その内容は，当時の私にはとても不思議なものでした。

　洋服の色の組み合わせの好みは，文化によって違い，どんな組み合わせを着ていると，アメリカでは「変なヤツ」と思われてしまうか。一番いけないのは，赤とピンクの組み合わせだそうです。たまたま，そういう服を着ていたタイの女性が気の毒でした。家に食事に招かれた時は，時間通りに行ってはいけない。10分ほど遅れて行くように。アジアの一部の国と違い，アメリカの家庭にはメイドはいない。忙しく準備した主婦に，化粧直しの時間をあげよう。食事のあとは，皿洗いを手伝え，などなど。

　アメリカは文化人類学（anthropology）の研究が盛んなところです。あの船上のオリエンテーションは，文化の違う場所での日常生活に馴染んでいけるよう，「言葉には現れない，アメリカ文化の底流にあるもの」を，教えてくれていたのだと，後で気がつきました。

　私がアメリカの大学の文化人類学のコースで聞いた話ですが，二人の人が「お互いに気にならないで，向き合ってお話する距離」は，文化によって違うそうです。日本人はおじぎし合えるくらい離れている，欧米人は握手ができるほど，一番近いのはアラブ人と記憶しています。そうしますと，アラブ人が**comfortable**と考える距離で日本人に近づきますと，日本人は的外れのメッセージを受け取るかもしれません。

　ある行動が基本的によいとされるか，悪いとされるかも，文化によって違うようです。アメリカ・インディアンの居留地で英語を教えていたある宣教師は，「勉強して，クラス一番になれ」といって，失敗したそうです。アメリカ・インディアンの文化では，人より抜きん出るのは悪いことだそうで，アメリカ・インディアンは，やはりアジア系だと思ったものです。

　「人前で発言」することについても，同じような感覚の差を感じたことがあります。私は先生をしていましたが，成績のよい生徒は大体教室ではおとなしく，ほとんど発言することもなく，試験ではよい点を取り，それが普通と思っていました。ところが，アメリカ人の教師は，クラスで発言しない生徒が，試

験で一番だったりするのが，とても不思議，むしろ不気味と思っているようで「カンニングか？」と疑っていると聞き，びっくりしたことがあります。このような基本的な前提の違いが，大きな誤解のもとになったりします。

「クラスでの発言」については，私には思い出があります。ウイスコンシン大学大学院にいたころ，一定の成績（GPA＝Grade Point Average）を取らないと，奨学金が取り消されます。生活がかかっていますので，必死です。問題はテストではなく（勉強すれば点は取れます），class participation（クラスでの発言）の評価です。一回の授業で，一度は手を挙げて，何か言わなければなりません。必死で考えても，同じ質問をされてしまうこともあります。アメリカの学生はよく発言します。何とか一回発言しますと，今日はこれで大丈夫……と，ホッとして，しばらく先生のお話も耳に入らないくらいでした。だから，アメリカから来た先生が，クラスで全く発言しない学生が，良い成績を取るのを不思議と思っても，わかります。

これは一般に，人前で意見を言うことについての文化の違いでもあるかと思います。アメリカにいて分かったのは，「私はあなたの意見に反対です。その理由は……」のような発言をすると，グループでの立場が急速に良くなることです。日本でうっかりそんなことを言いますと，立場は急速に悪くなります。

A rolling stone gathers no moss.（転石苔を生ぜず）という諺が，日本とアメリカでは，正反対の教訓になっている場合があることに，驚いたことがあります。日本では，「いろいろのことに手を出しては，何事も達成できない」の意のようですが，アメリカでは，「いろいろ新しいことにふれると，苔のような嫌なものは生えてこない」と思っている人が多いようです。

ここは，「新しいことが，よいことかどうか」と，「苔は美しいものか，汚いものか」についての，根本的な感覚の違いがあるのかも知れません。有名なロックグループの the Rolling Stones は，「常に新しいものを求めて，素晴らしい世界を！」という，この諺のアメリカ的な解釈から生まれた名前だそうです（NHK リライター・映画評論家の Don Morton さん）。

同様に，言葉の意味は文化によって違って受け取られる，と思ったことがあります。1996年10月18日，オウム真理教に対する第13回公判で，元代表麻原彰晃被告が井上嘉浩被告の証人として出廷，このように述べました。「今朝，神の

啓示を受け，成就者である弟子を苦しめてはいけないと知った。私が全てを背負う。だけど，私は無実だ。……」

これは，井上被告が法廷で「地下鉄サリン事件は，麻原彰晃被告の命令で行った」と認めた後のことです。「私が全てを背負う。だけど，私は無実だ。」をどのように書くか，悩みました。言おうとしていることは，分かるような気がしました。「井上被告は弟子だから，弟子の咎は，師である自分が受ける。しかし，弟子にサリン事件を命令したことはない。」子どもが万引きをして警察に捕まり，親が出頭し，「子どものしたことは親の罪です。子に万引きをさせたわけではないが……」といっているようなものと思いました。

そこで，このように書きました。

Former Aum Shinrikyo leader Shoko Asahara says he will shoulder all responsibility for Yoshihiro Inoue, a disciple of his. But he said he did not order Inoue to carry out the sarin gas attack as is charged.

これでよかったかは，分からないです。
このときCNNは，次のように伝えていました。
Asahara made an amazing statement today.
First, he admitted the guilt. Then, he reversed it.
（麻原被告は今日，驚くような陳述をした。初めに罪を認め，すぐ否定した）

聞いたとき，それこそ，驚きました。英語圏の人々が，日本で報道されている「言葉」を「直訳する」と，このように理解されるのかと思いました。

でも，考えました。これは言葉だけの問題ではないかも。「罪を認めること」と「謝ること」についての，文化の違いかもと。日本人は自分に責任のないことでも，すぐ謝り，人間関係の修復に走ります。英語文化圏の人は，自分に責任のないことには，決して罪を認めず，謝りもしません。

そこで，「全てを背負う」との言葉に，罪（起訴事実）を全面的に認めたと思ったのでしょうか。その直後，「私は無実だ（サリン攻撃を命じたわけではな

い)」と言ったと聞くと，今認めたばかりの罪を，すぐ否定した，と受け取ったのではないかと。言葉の意味は文化を背景にして初めて成り立つ……と改めて感じたものです。

説明して，わかってもらう

　そこで，文化の違いで，外国の人々には分からないだろうと思うこと，私たちが大切だとか，面白いと思っていて，わかって欲しいと思うことは，説明します。放送時間は短いので，ごく短く。具体的な例は第6章で。

　岡山県真庭市に樹齢千年といわれる「醍醐桜」があり，満開になるとニュースになります（NHK岡山，「ワールド・モモニュース」，2009年4月13日）。リードはズバッと，A thousand-year-old cherry tree is in full bloom. などと書きます。「千年桜」なんて，めったにありませんから。

　このあと日本語原稿には，丘の上に立つこの桜が「アズマヒガシという種類で，何人の花見客が訪れた」などと書いてあります。でも外国の方々には，桜の種類や花見客の数など，特に興味はないかも。そこで，この木がなぜ「醍醐桜」と呼ばれているのかを知ってもらいたくなります。14世紀，平安時代（貴族の時代）が終わり，武家支配の鎌倉時代になります。京都の後醍醐天皇は，鎌倉幕府を倒そうとして失敗。隠岐島の配所に送られる途中この桜を愛でたとか。その故事からついた名前だそうです。

　そこで，このリードの後……

The majestic tree with showering pink blossoms stands on a hill overlooking a green field.
In the 14th century, Emperor Go-Daigo is said to have appreciated its beauty on his way to a place of exile on a small island, after he failed in a plot to overthrow a Shogunate government.
（緑の野原を見渡す丘に立っている威厳ある木は，ピンクの花がこぼれそう。14世紀，後醍醐天皇が倒幕に失敗し，小島の配所に送られる途中，この桜を愛でたとか）

などと書いてみます。

このようなニュースでは、インターネットでこの美しい桜の満開の様子を見た上で、書きます。「インターネット取材」というところですね。

共通の経験を探る

言葉で説明するのではなく、相手の経験の中に、共通のものを探るという方法もあります。例えば、岡山県で「どじょう」が絶滅危惧種になりそうだというニュースがありました。子供のころ田んぼで、どろんこになりながら「どじょう」をとって遊んでいた私には、びっくりするようなニュースです。「あの"どじょう"が絶滅危惧種になるかも？」でも、田んぼのない国の人々には、何の感慨もないしょう。

そこで、そのような人々との間に、共通のものがないかを探ります。例えば、リスのようにアメリカの街でよく見かける生きものを思い出してもらうとか。「子供のころ、小川で捕った」、「おじいさんは、どじょう鍋をつくってくれた」、「お祭りの時、どじょうすくいの踊りが面白かった」などと書いてみるとか。

すると、アメリカの方々は、子供のころ大草原でウサギを獲ったとか、川で魚を釣ったとか、田舎のカーニバルのことなどを思い浮かべてくれるかもしれません。「そんなに身近にいた生き物が、絶滅しそうなのか」ということを、実感として伝えることができるかと思うのです。（このお話の英語版は、pp.159-160にあります。）

そうしますと、初めにもどります。「人間は、やはりどこにいても同じ」ということです。このメッセージを伝えることこそ、私たちがニュースを広く海外に伝えている目的かもしれません。

第6章

「お話の仕方」
──いろいろの作戦

では，ニュースをお話ししてみましょう。お話の種類によって，いろいろの作戦があります。どれにしようかと考えるのが，楽しみの一つです。第一章では，「ポイントにズバッと」切り込みました。この章では，それを含め，いろいろの作戦を試みてみます。

　ここで使っている日本語のニュース原稿は，主に2006年11月から2010年6月まで書いていた，NHK岡山放送局の週刊英語ニュース，「ワールド・モモニュース」からです。英語原稿は，改めてこの本のために書きました。モモニュースは，本来，字幕ニュースでしたので，後でその例も見て下さい。

　私は「モモニュース」を考えるのがとても楽しみでした。地方色豊かなお話を，外国の方々に分かっていただき，楽しんでいただくのは，なかなか難しいです。頭をひねり，いろいろ工夫しました。そこが楽しかったのです。

　「……ん？　何？」と，相手をお話に引き込む（hookする）ために，どんな語り方をしたらいいのだろう？　お話の種類によって，いろいろの作戦を考えました。ここは，「ちょっと風変わりな英作文」と考えて下さるとうれしいです。

　英文への地図

　日本文の内容を，あるいは，自分の頭の中にある書きたいことを，英文にするには，まず，英文への地図（アウトライン）を描きます。この作業は，次の三つの過程をたどります。

　第一は，相手をお話に引き込むこと。これは，リードの役目です。アメリカの作家，アーネスト・ヘミングウェイ氏は言います。「お話」を書く第一歩は，「真実の文を一つ，書くこと」。("All you have to do is write one true sentence.")（Hemingway, *A Moveable Feast*, p.22）

　「全ての縁取りや，飾りを切り捨て，真実で，簡潔な文から始める」と。("... I could cut that scroll-work or ornament out and throw it away and start with the first true simple declarative sentence that I had written.")（同）

「いろいろの作戦」とは，初めにどんな「one true sentence」を書くかということです。それぞれのお話の「ユニークな点」，「面白い点」を探して，出発点を定めます。

第二は，リードのあと，お話を分かりやすい順序（論理的な順序）で語るため，日本文の情報を並べ替えます。初めから英語で書くときも同じです。情報を論理的に整理し，英文への地図を作ります。ここでは，「聞いている人とのお話作戦」が有効です。しっかりした「地図」（アウトライン）を作りますと，後が楽です。

第三は，「相手にわかっていただけるかな？」と考えることです。原稿になくても，出来事の背景や，日本独自の事柄は，短く説明しながら進みます。原稿にあっても，外国の方々に興味のなさそうな情報もあります。何を入れて，何を省くか。ここはある種の「editorial judgment」（編集判断）が求められます。アメリカのネットワーク CBS で長年ニュースライターをしていたエドワード・ブリス氏は言います……A good writer is a good editor.

では，始めましょう。

「英文への地図」の各段階で，英文の出だしを書きました。リードを定めたあと，どのようにお話を展開していくか……。それが，お話を分かっていただくための大きなポイントです。どのような順序で，情報を出していこうか……。そのヒントになればと思います。それを使い，「用語」リストを参考にして，英文を書いてみませんか。うしろに，英訳例があります。

作戦−1：「ポイントにズバッと」

　正攻法は，「ポイントにズバッと」切り込むことです。重要な出来事や発見は，そのこと自体，相手をお話に引き込むのに充分です。

● おうし座に巨大惑星発見（モモニュース　2007年4月2日）
　「国立天文台の研究者などのグループが，太陽系外のおうし座の周辺にある明るく輝く星・恒星の集団の中に，巨大な惑星を発見しました。明るい星は若い星なので，惑星ができるメカニズムの解明につながるとして注目されています。」

英文への地図

（リード）
このニュースのポイントは？……
「日本の天文学者のグループが，太陽系外で巨大な惑星を発見（と発表）」
A group of Japanese astronomers says it has discovered ...

　最初の文（リード）のコツは，詳細に入らないことです。ちょっと単純化し，ちょっと抽象化して，ポイントに切り込みます。
　ここは「巨大惑星発見」と発表した段階で，まだその発見は学問的に確認されていません。そこで，「ニュースの約束」に従い，Who says so? を明らかにして，書きます。

では，聞いている人とお話しします。

（どんなグループの人が，どこで？）

第6章 「お話の仕方」——いろいろの作戦

「国立天文台などのグループが，おうし座周辺の明るい恒星団の中で」
The astronomers from ….

　ここで，天文学者の団体名と，どこで発見したかを書きます。具体的な情報を，スッキリと決めます。旧式カメラの焦点をカチッと合わせるように。デジカメしか使ったことのない若い方々に，その快感をわかっていただけるかな？

（この発見の意味は？）
「明るい星団は若いので，惑星誕生の解明につながる」
Since the bright stars are young, it is hoped that …

> 用語
>
> 日本の天文学者のグループ：a group of Japanese astronomers
> 見つける：to discover
> 巨大な惑星：a huge planet
> 太陽系外で：outside the solar system
> 国立天文台の研究者などのグループ：
> 「国立天文台の研究者など」とあるのは，その他に三大学の大学院の研究者も含まれているからです。
> the astronomers from the National Astronomical Observatory and three universities
> 明るい恒星団の中で：in a cluster of bright stars
> おうし座：the constellation Taurus
> 惑星誕生の解明につながる：to offer clues as to how planets are formed

英語版の一例

A group of Japanese astronomers says it has discovered a huge planet outside the solar system.
The astronomers from the National Astronomical Observatory and three universities say they've found the planet in a cluster of bright stars around the constellation Taurus.

Since the bright stars are young, it's hoped that the discovery will offer clues as to how planets are formed.
So far, about 200 planets have been found outside the solar system. ###

「惑星を発見（discovered）」と，「その発見（the discovery）は解明につながる」のように，同系の言葉を展開し，論理的にお話を進めます。

　最後の文は，単純な興味から調べました。この時点（2007年）で，約200。2013年10月末日までに，1,010以上の太陽系外惑星が確認されています。このような情報を入れると，人類の宇宙についての知識の中で，この発見のもつ意味が，多少わかるかと思います。ニュースの「遠景」ですね。

次も，うれしいニュースです。

● ノーベル医学・生理学賞に山中伸弥さんら（NHK　2012年10月8日19時）
　今年のノーベル医学・生理学賞の受賞者に，体のさまざまな組織や臓器になるとされる「iPS細胞」を作り出すことに成功した京都大学教授の山中伸弥さんと，いったん成長した細胞にも受精卵と同じ遺伝情報が含まれることを発見したイギリス，ケンブリッジ大学のジョン・ガードンさんが選ばれました。

英文への地図

（リード）
要するに，二人の科学者が「何の研究で」受賞したのか。それがこのニュースの一番大事なところです。原稿をよく読んでみましょう。

── ガードンさんは，「いったん成長した細胞にも，①受精卵と同じ遺伝情報が含まれていることを発見」
── 山中さんは，「②体のさまざまな組織や臓器になるとされるiPS細胞」を作り出した」

116

第6章 「お話の仕方」——いろいろの作戦

　二人の研究に，共通点はあるのでしょうか……
①のような細胞のことを「幹細胞（stem cells）」と言います。
② iPS とは，"induced pluripotent stem cells" ＝人工多能性幹細胞のことです。

　要するに，二人とも，「幹細胞の研究（stem cell researches）」で受賞したのですね。このような研究は，アルツハイマー病など，神経細胞の死滅に起因するとされる病気を治療する道を開くといわれています。

そこで，リードです。

「二人の科学者が，幹細胞の研究でノーベル医学・生理学賞を受賞」
Two scientists have won the Nobel Prize in medicine for ...

では，お話ししましょう。

（二人って，誰と誰？　「stem cells の研究」って？）
「イギリスのジョン・ガードンさんと日本の山中伸弥さんが，<u>成長した細胞が，体のどんな部分の細胞にもなれる能力をもっている（幹細胞になれる），という研究で受賞</u>」
John Gurdon from Britain and Shinya Yamanaka from Japan share the Prize for ...

下線の部分が，二人の「stem cells 研究」の説明です。

（どういうことに，役立つの？）
「アルツハイマー病のような神経細胞の死滅に起因する病気の治療に道を開くと考えられている」
Their studies open a way for treating ...

117

(二人はそれぞれ，何をしたの？)
インターネット取材の出番です。情報をしっかりと集める……それが，「簡潔に，分かりやすく」書く近道です。

「ガードンさんは，(1962年—山中さんが生まれた年)，カエルの腸からカエルのクローンを作った。成長して特定の役割をもつ細胞が，受精卵と同じ遺伝情報をもつ（幹細胞になれる）ことを証明。山中さんへの道を開く」
Gurdon cloned frogs from … and proved that

「山中さんは（2007年)，ヒトの皮膚細胞を初期化し，iPS細胞と呼ばれる若い細胞（「幹細胞」）を作った。受精卵を使わず健康な細胞を作り，病気治療の道を開く」
Yamanaka reset human skin cells and has made …
This makes it possible to treat …

病気を治すため受精卵を殺すことは，倫理上問題があるとされていました。

用語

ノーベル医学・生理学賞を受賞：
　　　　　　　　　　　　to win the Nobel Prize in Medicine or Physiology
幹細胞の研究：stem-cell researches
ジョン・ガードンさん：John Gurdon from Britain
山中伸弥さん：Shinya Yamanaka from Japan
二人が受賞：to share the prize
成長した細胞から，体のどんな細胞でも作れるという研究：the studies showing that adult cells can become (be turned into) any type of cell in the body
アルツハイマー病のような神経細胞の死に起因する病気：
　　　　　Alzheimer's disease and other conditions caused by nerve-cell death
カエルの腸の細胞からカエルのクローンをつくる：
　　　　　　　　　　　　to clone a frog from an intestinal cell of a frog
成長した細胞が，受精卵と同じ遺伝情報をもつ：

> Adult cells carry all genetic information, just as stem cells in fertilized eggs do.
> ヒトの皮膚細胞を初期化する：to reset human skin cells
> iPS 細胞：young cells called iPS cells, which can be cultivated into any type of cell in the human body.

英語版

Two scientists have won the Nobel Prize in medicine for stem cell researches.
John Gurdon from Britain and Shinya Yamanaka from Japan share the Prize for their studies showing that adult cells can become any type of cell in the body.
This can open a way for treating Alzheimer's disease and other conditions caused by nerve-cell death.
Gurdon cloned a frog from an intestinal cell of a frog, and proved that adult cells carry all genetic information, just as stem cells in fertilized eggs do. He opened the way for Yamanaka's work.
Yamanaka reset human skin cells and has made young cells called "iPS" cells, which can be cultivated into any type of cell in the human body. This makes it possible to treat diseases by growing healthy cells without using fertilized eggs. ###

私はこの日，テレビで何度もこのニュースを（日本語で）聞きましたが，これを英語で書く破目になるまで，2人の研究がどうつながっているのかよくわかりませんでした。（もちろん，私の常識不足が第一の原因です。）でも一般に日本語のニュースは，「聞いた人に分かるかな」の配慮が少ないように思います。

「あなたの英語を読んで初めて，このニュースが何だったのか，よく分かったよ」とデスクに言われたことが何度かあります。それは私のうれしい勲章になっています。

作戦－2：「要するに」

ポイントが複雑な時，説明しにくい時，ちょっと離れて，ちょっと抽象化して，「要するに」……と始めると，分かりやすくなります。

● バイオ燃料給油スタンド（モモニュース　2009年4月20日）
「真庭（まにわ）市の温泉街で使用済みの食用油を再利用して，地球温暖化対策に有効なバイオディーゼル燃料を作る取り組みがスタートし，給油スタンドでの販売が始まりました。1リットル当たり110円で，月におよそ1500リットル，旅館組合に加盟する宿泊施設に販売され，旅館は宿泊客の送迎用の車の燃料として使うことになっています。」

英語への地図

（リード）
「要するに」……
「日本の温泉街が，地球温暖化との戦いに加わる」ということですね。
A hot spring resort in Japan has joined …

（どこの温泉街が，何をするの？）
「真庭市にある温泉街の旅館組合が，使用後の食用油からバイオディーゼルをつくり，町のガソリンスタンドでの販売が始まった」
An association of inns in the city of Maniwa, western Japan, began …

ここが，このお話の本題です。きちっと決めます。

第6章 「お話の仕方」──いろいろの作戦

（バイオディーゼルって？）
「バイオディーゼルは植物や動物から作られるディーゼル・エンジン用の燃料。温室ガス排出が少ないと言われている」
Biodiesel is a fuel ...
It is said to emit ...

これはアメリカ環境保護庁（EPA）の研究にもあります。日本文にはありませんが，背景説明として入れます。

（いくらなの？ 誰でも買えるの？）
「1リットルの値段は，1ドルちょっと。ひと月1500リットルを会員旅館に売る。旅館は，客の送迎に使う」
One liter costs ...
About 15-hundred liter will be sold ...
The inns will use the fuel when ...

用語

温泉街：a hot spring resort

地球温暖化との闘い：the fight against global warming

真庭市の旅館組合：an association of inns in the city of Maniwa

使用済み食用油からバイオディーゼルを作る：
　　　　　　　　　　　　to produce biodiesel from used cooking oil

ガソリンスタンド：gas stations

バイオディーゼル：biodiesel, a fuel made from plant or animal material and used in diesel engines

温室ガスの排出が少ない：to emit less greenhouse gases

1リットルの値段が1ドルちょっと：One liter costs a little over a dollar.

宿泊客：guests

客の送迎：to drive to meet guests and see them off

121

英語版

A hot spring resort in Japan has joined the fight against global warming ….

An association of inns in the city of Maniwa, western Japan, began producing biodiesel from used cooking oil, and is selling it at gas stations in the city.

Biodiesel is a fuel made from plant or animal material and is used in diesel engines. It's said to emit less greenhouse gases. One liter costs a little over a dollar. About 15-hundred liters will be sold per month for member inns. The inns will use the fuel when they drive to meet guests and see them off. ###

温泉街の旅館なら，使用済みの食用油はたくさんありますね。ささやかでも，チリも積もれば山です。応援したくなります。

「要するに」の例です。BBC World から。(2010年9月20日)

It's a major discovery ….

BBC's natural history unit has provided the first evidence that tigers can live and breed at extremely high altitudes.

The team filmed the animals, usually found in jungles, more than 4,000 miles high in the Himalayas.

Experts say the finding will make it easier to provide conservation corridors linking populations of endangered animals across Asia. ###

日本語訳

大きな発見です。

BBCの自然歴史チームが，トラが非常に高い山でも生息し繁殖できるという，世界で初めての証拠を見つけました。

第 6 章 「お話の仕方」——いろいろの作戦

このチームは，普通，熱帯のジャングルにいるトラが，高度 4 千マイル以上のヒマラヤの山に棲んでいるところを撮影しました。
アジアの絶滅危惧種を保護するための「保護回廊」を作るのが容易になると専門家は言います。###

リードの短い一言が，このニュースの意味をはっきりと伝えています。
「要するに」のリードで，真似したくなる例はいろいろあります。

　The British have a new queen.（エド・マローの放送, *In Search of Light*, p.207）
英国でジョージ 6 世が亡くなり，エリザベス女王が国王になった時のリードです。日本で新しい首相が誕生した時，The Japanese have a new prime minister. と始めることもできるでしょう。
　More trouble with Hubble .... (CBS) ハッブル宇宙望遠鏡は，太陽系外の恒星の周りに惑星が存在する証拠を初めて見つけるなど，素晴らしい成果をあげています。でも，いろいろのトラブルも発生し，宇宙で修理されたりしました。このリードは，また，<u>trouble</u> と <u>Hubble</u> と，下線の部分の発音が同じなので，リズムがあって面白いです。これに習って，福島第一原子力発電所の汚染水問題のリードは，More trouble with Fukushima Daiichi nuclear power plant .... などと書けますね。
　Tonight, a fire ball at sea .... (CBS) 2010 年 4 月，メキシコ湾で海底油田が爆発した時のリードです。この後，An offshore oil rig explodes in the Gulf of Mexico. Now, there's a frantic search for survivors ....（メキシコ湾の海底油田が爆発しました。今，必死で生存者の捜索が行われています）と続きます。視覚に訴える言葉で，視聴者の注意をぐっと惹きつけています。

123

作戦—3:「これからどうなる」

ニュースによっては,「これからどうなる」をリードにすると,分かりやすいときがあります。特に,生活に結びついたことでは。

● おかやま愛カード交付始まる(モモニュース 2009年11月30日)
「運転免許証を自主的に警察に返納した65歳以上の人が,交通機関や飲食店などでの割引を受けられるようにするための「おかやま愛カード」の交付が25日から始まりました。現在,カードが利用できるのは県内のおよそ1000か所で,総社(そうじゃ)市などでバスの利用料金が半額になるほか,買い物などの際に割引が受けられるようになるということです。」

英文への地図

(リード)
身近なニュースですから,You を主語にしてみます。

「あなたが65歳以上で,岡山県に住んでいて,運転免許証を警察に返すと,割引カードがもらえる」
If you are at least 60 years old, ...

(そのカード,どこで使えるの?)
「県内の約千店で。総社市では,バスが半額」
The card is good at ...
In the city of Soja, you can ...

第6章 「お話の仕方」──いろいろの作戦

(発行はいつから？)
「岡山愛カードの発行は，11月25日から始まった」
The police began issuing ...

🔑 用語

運転免許証を警察に返納する：to return a driver's license to the police
割引カード：a discount card
割引カードは，約1000店で使える：The card is good at about 1000 stores.
バスの料金が半額：You can ride the bus for half-fare.
発行する：to issue

英語版

If you are at least 65 years old, live in Okayama Prefecture, and return your driver's license to the police, you will receive a discount card.

The card is good at about 1,000 stores in the prefecture. In the city of Soja, you can ride the bus for half-fare with the card.

The police began issuing these "Okayama Ai (Love) Cards" on November 25. ###

カードの発行が，交通事故減少に役立つといいですね。

同じ作戦で……

● 岡山県とコンビニ6社が災害協定（モモニュース　2007年1月19日）
「岡山県は，県内に店舗をもつコンビニエンスストア6社と災害協定を結び，大地震などがおきた際，自宅に帰ることが難しい被災者に対して水や情報などを提供してもらうことになり，17日県庁で協定の締結式が行われました。コンビニ6社は，中国四国地区に570あまりの店舗があり，水を提供し，トイレを

125

貸すほか，テレビやラジオなどで得た交通情報を提供し，県からの要請で，水や食料品などの生活必需品をトラックで被災地に運ぶことになっています。」

英文への地図

（リード）
「大地震のあと家に帰れなくても，これからは，コンビニにいけば助けてくれる」……ということですね。それをリードに。ここも，You を主語に。
If you ever find yourself stranded on your way home after a big earthquake, now you …

（なぜ？）
「1月17日の締結式で，コンビニ6社と岡山県が協定に署名，地震やその他の自然災害の時，困っている人を助けることになった」
In a ceremony on January 17, six convenience store chains signed …

ここが，このニュースのポイントです。

（コンビニは，何をしてくれるの？）
「無料で水を提供，お手洗いを使わせてくれ，交通情報を教えてくれる」
Under the agreement, their stores will offer …

（他には？）
「県から要請があれば，被災地に水，食料などの必需品を届ける」
If asked by the prefecture, the stores will …

（岡山県だけ？）
「コンビニ6社が中国四国地方にもつ570あまりの店舗全てに適用される」
The agreement covers …

第6章 「お話の仕方」——いろいろの作戦

> **用語**
>
> 家に帰れなくなる：to find yourself stranded on your way home
> コンビニエンスストア6社：six convenience store chains
> （各地のコンビニは，各社—a chain—の傘下店です。）
> 協定：an agreement
> 大地震などが起きた際，困っている人を助ける：
> 　　　　to help people at times of major earthquakes or other natural disasters
> 水を提供，トイレを貸し，交通情報を教えてあげる：to offer drinking water free of charge, provide rest rooms, and post traffic information
> 県からの要請があれば：If asked by the prefecture,
> 水や食料などの生活必需品：water, food and other basic necessities
> 被災地に届ける：to transport ... to stricken areas
> 570余りの店に適用：(The agreement) covers all the about 570 stores under the six chains

英語版

If you ever find yourself stranded on your way home after a big earthquake, now you can go to a convenience store for help....

In a ceremony on January 17, six convenience store chains signed an agreement with Okayama Prefecture to help people at times of major earthquakes or other natural disasters.

Under the agreement, the stores will offer drinking water free of charge, provide rest rooms, and post traffic information.

If asked by the prefecture, the stores will transport water, food and other basic necessities to stricken areas.

The agreement covers all the about 570 convenience stores under the six chains in the Chugoku and Shikoku regions of western Japan. ###

日本文にある「生活必需品をトラックで被災地に運ぶ」の「トラックで」は，英語では書きません。「コンビニの持っている運送手段を使って」，ということは明らかですから。特にトラックでなくても。

東日本大震災のあと，遠くの町でも，たくさんの人が家に帰れなくて困りました。この取り決めの先見の明に，感銘を受けます。

「これからどうなる」，CBS Evening News の例です。（2010年9月21日）
General Motors is raising new car prices.
The average increase is 500 dollars.
GM says it has to charge more, because steel and rubber costs are up. ###

日本語訳
ジェネラル・モーターズ社は，新車を値上げします。
平均500ドルの値上げです。
鋼鉄とゴムの値上がりで，価格引き上げが必要と GM。

もちろんこれは，次のように，「ポイントを，ズバッと」の作戦で書くこともできます。
General Motors has announced that it will raise the prices of its passenger cars by an average of 500 dollars, because steel and rubber costs are up.

どちらがよいかは，好みの問題ですが……

第6章 「お話の仕方」――いろいろの作戦

作戦－4：「ちょっと前から」

お話によっては，出来事のちょっと前から書き始めたくなります。

●イグアナ騒動（モモニュース　2008年8月11日）
「岡山市の住宅の軒下でイグアナが見つかり，警察で飼い主を捜していましたが，市内の会社員の女性がペットとして飼っていたものだとわかり，警察はこの女性にイグアナを返しました。全長およそ80センチのグリーン・イグアナで，8月4日夜，岡山市の住宅の軒下にいるのが見つかり，警察が捕獲して保護しました。グリーン・イグアナは主に中南米に生息し，草食系でおとなしいということです。」

英文への地図

（リード）
出来ごとの，「ちょっと前から」……
「8月4日夜，男性が岡山市内を歩いていると，軒下に，大きくて変な生き物がうごめいているのが見えた……」
On the night of August 4, a man walking along a street in Okayama City saw...

（それで，どうしたの？）
「男性は警察に届け，警察が捕まえて，保護。体長80センチの，グリーンイグアナとわかる」
He reported it to the police.
The police...
It was...

（誰かのペット？）

「会社員の女性のペットとわかり，持ち主に返される」

The iguana was later found to be ...

（イグアナって，どんな動物？）

「グリーン・イグアナは主に中南米に生息。草食でおとなしい。でも，飼っている人は，巨大になることを忘れないでと専門家」

Green iguanas live ...

They eat ...

But experts say ...

用語

軒下にヘンなものがうごめいているのが見えた：saw a strange-looking creature lurking under the eaves of a house

グリーン・イグアナ：a green iguana

（警察が）保護する：to take it into custody

会社員の女性：a female company employee

中南米：Latin America

草食系：to eat grass, herbivorous

おとなしい：gentle by nature

忘れないで：should keep in mind that ...

英語版

On the night of August 4, a man walking along a street in Okayama City saw a large, strange-looking creature lurking under the eaves of a house ....

He reported it to the police. The police caught the animal and took it into custody. It was a green iguana, about 80 centimeters long.

The iguana was later found to be the pet of a female

第6章 「お話の仕方」——いろいろの作戦

company employee, and was returned to her.
Green iguanas live mainly in Latin America. They eat grass and are gentle by nature. But experts say those who keep them as pets should keep in mind that they can grow VERY LARGE. ###

警察が捕まえたのが犯人ではなく，イグアナというところが，ちょっとユーモラスかもと。で，「収監する（took ... into custody）」という警察用語を使いました

最後の文，「巨大になる」は，インターネットで読んでその姿を想像し，思わず笑ってしまい，書き加えました。

「ちょっと前から」の例を一つ。

● *International Herald Tribune*（2012年5月11日）
ロシアで，プーチン大統領就任に反対するデモが盛んに行われていたころのニュースです。

On an empty plaza in a Moscow park, a man unfurled a yoga mat and sat down. Soon enough, two uniformed police officers arrived to confront him.
（モスクワの公園の誰もいない広場で，男がヨガ・マットを広げて座った。するとすぐ，二人の制服警官がやって来て，男の前に立ちはだかった）

デモ取締まりの警官が行動を起こす「ちょっと前から」，お話を始めています。

Ringed by a small group of supporters, Vadim Dergachyov, 29, argued that it was not illegal to sit down in Moscow.... The officers simply shrugged and walked away....
（何人かの支援者に囲まれ，ヴァディム・デルガチョヴ（29歳）は，「モスクワで座っていても，法律違反じゃないんだろう？」と。……警官は肩をすく

131

めて，歩き去った……)

なぜこんなことが起きているのか，背景説明です。
Since Monday, the police have been arresting any people they think even remotely resemble antigovernment demonstrators ….
(月曜日以来，警察は，少しでも反政府デモと思われる動きをしている人々を，逮捕している)

次が，このニュースのポイントです……「デモに，新戦略」。
In response, protesters in Moscow have adopted new tactics, "dilemma protests" and flash mobs, to avoid the mass arrests.
(これに対して，モスクワでは，大量の逮捕者を出さないため，デモの人々が，「ジレンマ攻撃」や大衆動員という，新戦略を展開している)

この「新戦略」，ベラルーシでは成功。
The tactics has found wide appeal in Belarus, where activists gather to clap, eat ice cream cones, set their cell-phone alarms to ring in chorus, or simply to stand silently.
(ベラルーシでは，活動家が集まって，手をたたく，アイスクリームを食べる，携帯のアラームを一斉に鳴らす，黙って立っているなど，など……)

モスクワでは……
In Moscow, protesters … have sat in parks, sung in public or simply walked in groups.
(モスクワでは，デモ参加者は，公園に座ったり，歌を唄ったり，グループで，歩いたり)

この後……
「デモの主催者はiPhoneで人を集め，政治とは関係のない演説をしたり

第6章 「お話の仕方」——いろいろの作戦

……デモ参加者は,"We are just going for a walk."(「散歩しているだけだよ」)と叫びながら,町を歩き回ったり……」と続き,「警察としては,ほっておくと見逃しているように思われるが,きびしく取り締まると,バカか,やり過ぎではないかと思われるため,手が出せない」とあります。

このニュースを「ポイントを,ズバッと」の作戦で書くと,次のようなリードで始めることもできるでしょう。

In Moscow, people are taking new tactics to protest against the inauguration of Vladimir Putin as the Russian President. The tactics, already successful elsewhere, are called "dilemma protests" and "flash mobs." In these tactics, people sit in parks, sing in public, or simply walk in groups ….
などと……

ここも,どちらがよいかは,好みの問題ですが……

この新聞記事では,一見何気なく,(でも,本当は工夫を凝らして),「ちょっと前から」の作戦で,読者を自然に,お話に誘い込んでいることがわかります。

私も多重英語ニュースで,この作戦を使ったことがあります。ある時,国会が何かの問題で,何日も空転したことがありました。与野党話し合っても,歩み寄りなし,という状況です。

毎日,毎日,Parliament remains at a standstill.(国会空転)と書くわけにはいきません。そこで,この日はちょっと考えて,次のように始めました……

A group of senior governing and opposition party officials emerged from a meeting tonight … with no words yet … for a breakthrough in a Parliamentary deadlock. The deadlock is about …
(と,この問題の説明に続きます。)

今夜も，与野党幹部が話し合っても打開策なし……というわけで，幹部会が終わり，その結果がわかる「ちょっと前の時点から」書き始めたものです。多重ニュースの場合，事前に映像を見ることはできないのですが，これが会議室から出てくる苦虫をかみつぶしたような面々と，不思議によく合っていたことを覚えています。

第6章 「お話の仕方」——いろいろの作戦

❺

作戦－5：「背景説明から」

お話によっては，背景説明をしてから，本題に入る方法があります。

● 点字ブロック記念碑設置（モモニュース　2010年3月23日）
「視覚障害者のために歩道や交差点などに設置されている点字ブロックが岡山市中区の交差点に世界で初めて敷設されたことを示す記念碑が18日設置され，除幕式が行われました。点字ブロックは岡山市内の発明家のアイデアに基づいて今から43年前に作られ，盲学校に近い岡山市中区の原尾島（はらおしま）交差点に世界で初めて敷設されました。」

英文への地図

世界で初めて点字ブロックが設置されたのが岡山市とは，知りませんでした。そこをリードに。

（リード）
「岡山市は，世界で初めて，視覚障害者のための点字ブロックを設置したところ……」
Okayama City was the first in the world …

（そうなの。それで？）
「3月18日，点字ブロックが初めて置かれた場所を示す記念碑の除幕式が行われた」
On March 18, a monument was unveiled …

(誰の発明？　いつ，どこに置かれたの？)

「点字ブロックは，岡山市の発明家のアイデア。1967年，世界初が盲学校近くの原尾島交差点に置かれた」

Guide or Braille blocks are the brainchild of …
In 1967, the world's first blocks were set at …

(点字ブロックって，どんなもの？)

「今，世界中の歩道や交差点に置かれている点字ブロックは2種類。浮き上がった線は方向を示す。浮き上がった点は警告ブロックといい，道路が交差したり，曲がったり，行き止まる所に置かれている」

Guide blocks are now widely used …
There are two kinds.
Embossed lines indicate …
Embossed dots are called warning blocks, and are placed where roads …

用語

点字ブロック：guide blocks, Braille blocks
設置する：to install, to set
視覚障害者：people with visual impairments
記念碑の除幕式：a monument was unveiled
点字ブロックが初めて置かれた場所を示す：
　　　　　　to mark the spot where the first guide blocks were installed
発明家のアイデア：the brainchild of an inventor
原尾島交差点：Haraoshima Intersection
盲学校：a school for the blind
歩道や交差点に：on sidewalks and at intersections
浮き上がった線：embossed lines
浮き上がった点：embossed dots
警告ブロック：warning blocks

第6章 「お話の仕方」——いろいろの作戦

英語版
Okayama City was the first in the world to set guide blocks for people with visual impairments.
On March 18, a monument was unveiled to mark the spot where the first guide blocks were installed.
Guide blocks, or Braille blocks, are the brainchild of an inventor in the city. In 1967, the world's first blocks were set at Haraoshima Intersection near a school for the blind.
Guide blocks are now widely used on sidewalks and at intersections around the world. There are two kinds. Embossed lines indicate direction. Embossed dots are called warning blocks, and are placed where roads cross, turn, or end. ###

　最後に，点字ブロックの説明を加えました。embossed は，模様（歩道上の線や点）が浮き上がっているもののことです。道の下に彫り込まれているとしたら，engraved と言います。

　ちょっと違った「背景」の例です。

● 「おかやまソール」販売（モモニュース　2010年5月24日）
　「岡山などで『ゲタ』と呼ばれる舌平目を「おかやまソール」というブランド名で売り出そうと，地元の漁業組合とホテルが連携することになりました。イメージアップを図り，高級魚として販売拡大を目指します。」

　魚屋さんで舌平目を見ますと，「こんな高級魚は……」と目をそらしてしまいますが……。岡山付近では庶民の魚で，「ゲタ」と呼ばれているとか。そこが楽しく，思わず笑ってしまいました。そこで，同じ魚にして，このイメージの違いというところを，「背景」として書いたら面白いかと……

英文への地図

（リード）
「舌平目と呼ばれる魚は，場所によって格が違うようで……」
A kind of fish called "sole" appears to …

（どう違うの？）
「フランスでは高級魚。ここ岡山では庶民の魚で，ゲタと呼ばれている」
In France, sole are …
Here in Okayama, they are …
They are called …

（それで？）
「地元の漁業組合とホテルが連携して，この魚のイメージを上げることに」
Now, a local fisheries association and a leading hotel in Okayama are …

（どうやって？）
「おかやまソールというブランド名をつけて，販売拡大をはかることに」
They've created …

（最後の一言）
「……　(*^_^*)」

用語

舌平目：sole（「魚」の場合，複数でも sole。「足の裏」の場合は，soles）
格が違う：to inhabit different classes
高級魚：luxury-class fish
（庶民の）ささやかな食卓：humble tables
「ゲタ」と呼ばれている：

第6章 「お話の仕方」──いろいろの作戦

　　called "geta" after the wooden sandals that serve as footwear for commoners
地元の漁業組合：a local fisheries association
提携する：to join hands
魚のイメージを上げる：to improve the image of the fish
ブランド名：a brand name
販売拡大をはかる：to launch a sales promotion campaign

英語版

A kind of fish called "sole" appears to inhabit different classes in different parts of the world ....
In France, sole are luxury-class fish. Here in Okayama, they are for more humble tables. They are called "geta" after the wooden sandals that serve as footwear for commoners.
Now, a local fisheries association and a leading hotel in Okayama are joining hands to improve the image of the fish. They've created a brand name, "Okayama Sole," and are about to launch a sales promotion campaign.
Soon, "geta" may become "Cinderella's glass shoes" on a hotel plate. ###

最後の文……「今にゲタは，ホテルのお皿の上で，シンデレラのガラスの靴になるかも」……これはちょっと，遊び過ぎかも？

「背景説明」から入っている例を二つ。一つは，足利事件で無期懲役に服していた菅家利和さんが，再審で無罪になったニュースです。

● *International Herald Tribune*，2010年3月27-28日
For more than 17 years, Toshikazu Sugaya, a soft-spoken kindergarten bus driver, lived behind bars, serving a life sentence in the killing of a 4-year-old girl ....

139

On Friday, at a dramatic retrial, the 63-year-old Mr. Sugaya was cleared of all charges after a judge acknowledged that he had been bullied by investigators into making a false confession ….

日本語訳
17年以上，幼稚園バス運転手，菅家利和さんは，4歳の少女を殺した罪で，刑務所で終身刑に服していましたが……
金曜日，劇的な再審で，63歳の菅家さんは無罪。捜査官の圧力で，嘘の自白をしたと認められました。

軽い話題でも……

● BBC World, 2010年9月26日
**In the past, all the taxi drivers who work in Cairo's notoriously-packed streets were men ….
Now, eight women have broken their monopoly. The eight face opposition from some more conservative Egyptians. But the eight say many passengers, men and women, say they feel safe in their cabs ….**

日本語訳
今まで，交通渋滞の激しいカイロのタクシー運転手はみな男性でしたが……
今回，8人の女性が加わりました。保守的な人は眉をひそめますが，8人は，お客は，男性も女性も，安心と言ってくれると。

作戦—6：「それって，何？」

「それって，何？」，と首をひねっていただいて，聞く人をお話に引き込む作戦もあります。

● ジーンズ議会開会（モモニュース　2009年9月7日）
「岡山県倉敷市では，出席した市長や議員がみなジーンズ姿という「ジーンズ議会」が開かれました。岡山県倉敷市の児島地区で生産が盛んなジーンズをPRしょうようと，おととしから，9月に開かれる市議会を『ジーンズ議会』と名付けて，市長や議員がみなジーンズを着用しています。」

英文への地図

初め，「？？？」と思っていただく作戦です。

（リード）
「倉敷市は，日本のどこもやっていないことをしている……」
The City of Kurashiki is doing something ...

（何をしているの？）
「市長と市会議員全員が9月議会に，ジーンズを着て出席。2年前から」
Its mayor and all the city assembly members attend ...
The practice ...

（なぜ？）
「倉敷市の児島地区は日本のジーンズ発祥の地。たくさんの人に，ジーンズを着てもらいたいため」

The Kojima district of Kurashiki is …
The city wants to do something …

> **用語**
>
> 倉敷市：the City of Kurashiki
> 市長：the mayor
> 議員：city assembly members
> 9月議会：the September session
> ジーンズを着て：in blue jeans
> 日本でのジーンズ発祥の地：where jeans were first manufactured in Japan
> たくさんの人にジーンズを来てもらうため：
> > To encourage more people to wear jeans

英語版

The City of Kurashiki is doing something that no other place in Japan does ….
Its mayor and all the city assembly members attend the entire September session in blue jeans. The practice began two years ago.
The Kojima district of Kurashiki is where jeans, in deep indigo blue, were first manufactured in Japan. The city wants to do something to encourage more people to wear jeans. ###

ここで作られているジーンズの深い藍色に惹かれ，in deep indigo blue という言葉を入れました。

「それって，何？」の作戦でもう一つ……

142

第6章 「お話の仕方」──いろいろの作戦

●笠岡諸島の離島に診療所（モモニュース　2006年11月17日）
「岡山県西部の笠岡諸島の高島に，医師が月2回訪れて診察や治療を行う診療所ができました。高島は人口が130人余りの島で，笠岡市では住民からの強い要望を受けて診療所の開設を進めてきました。診療所は笠岡市が市民病院に委託運営することになっていて，毎月2回，外科か内科の医師を派遣して午前9時から正午まで診療にあたることになっています。島民の女性の一人は，高齢の家族がいるため大変心強く思っています，と話していました。」

　笠岡諸島は全部で31島。美しい瀬戸内海にある小さな島々です。そのうち，人が住んでいるのは，高島を入れて7つ。その高島で，うれしいことがあったのですね。

英文への地図

（リード）
「瀬戸内海の小島に，島民の待ちかねたものができた……」
People on a small island in Japan's scenic Seto Inland Sea now have ...

（何ができたの？）
「診療所です。高島に診療所ができ，医師が月に2回来ることに」
A clinic.
A medical doctor will ...

（高島って，どんな島？）
「高島は笠岡諸島の中の小島で，人口約130人」
Takashima is ...

（どんな経過で，できたの？）
「島を管轄する笠岡市が，島の人々の強い要望で開設」

143

The city of Kasaoka, which …

(お医者さんはどこから？)
「市の委託で，市民病院が，外科医か内科医を一カ月に2日派遣。午前9時から正午まで診察や治療を行う」

Commissioned by the city, a citizens' hospital is to send …

(島民の話)
「家族に高齢者がいるので，ホッとしています，と島の女性」

"We feel relieved," a woman on the island says, "as we have …."

用語

瀬戸内海：the Seto Inland Sea
離島（小島）：an island
診療所：a clinic
医師：a medical doctor
高島：the Island of Takashima
笠岡諸島：the Kasaoka Island group
人口約130人：a population of about 130
島を管轄する笠岡市：the City of Kasaoka, which has the island under its jurisdiction
住民の強い要望に応じて：in response to the strong urging from residents
市の委託で：commissioned by the city
市民病院：a citizens' hospital
外科医：a surgeon
内科医：a physician
派遣する：to dispatch, to send
診察や治療を行う：to offer medical services
高齢の家族がいる：to have elderly members in our family

第6章　「お話の仕方」——いろいろの作戦

英語版
People on a small island in Japan's scenic Seto Inland Sea now have something they've wanted for a long time ....
A clinic .... A medical doctor will come to the clinic on the Island of Takashima twice a month.
Takashima is a small island in the Kasaoka Island group, with a population of about 130.
The City of Kasaoka, which has the island under its jurisdiction, opened the clinic in response to the strong urging from residents.
Commissioned by the city, a citizens' hospital is to send a surgeon or a physician two days a month to offer medical services from 9 in the morning to noon.
"We feel relieved," a woman says, "as we have elderly members in our family." ###

これと同じ作戦で書かれた例を一つ。
It's been the ranking sport in Europe and South America for years. It's the fastest-growing sport in the United States right now. The stars are internationally famous, and it's big business. What sport? James Walker fills you in.
　　　　　(CBS, Bliss and Hoyt, *Writing News for Broadcast,* p. 91)

日本語訳
ヨーロッパや南米では，何年も前から人気第一のスポーツ。アメリカでは，急成長のスポーツ。スターは国際的な有名人。今や，ビッグビジネス。何のスポーツ？　ジェームズ・ウォーカー記者がお伝えします。

ここから，サッカーの映像に入ります

作戦―7：「共通のものを探す」

お互いの中に共通のものを捜すという作戦があります。

● 車輪滑り止め砂でお守り（モモニュース　2008年12月22日）
「受験シーズンを前に岡山市で路面電車を運行している会社が車輪の滑り止めに使っている砂を受験生の合格祈願のお守りとして販売を始めました。このお守りは，『岡山電気軌道』が，車輪が滑らないようにする砂にあやかって，受験生が試験に滑って不合格にならないようにと思いを込めて，16日から販売を始めたものです。お守りは，ガラス製の小瓶に滑り止めの砂が入っていて，「合格行き」と書かれた絵馬をかたどった紙で包まれていて，電車の営業所と岡山神社で，一つ500円で売られています。」

このお話は，外国の方々との共通点が少ない典型的な例でしょう。英語圏には，ふつう，受験シーズンはない，路面電車もない（サンフランシスコは別として），「滑り止め」，「お守り」という感覚もない，絵馬とは？……というわけで，越えなければならない壁がたくさんあります。

そこで，何か共通のものを足がかりに出発し，少しずつ説明しならが進みます。そう……このお話は，クリスマスの3日前ですね。そこで……

英文への地図

（リード）
「クリスマスもすぐ，多くの人々には楽しいとき。でも，春の初めに受験を控えた日本の学生には，つらいとき」
For most people, this is …
But for some students in Japan, it is …

第6章 「お話の仕方」──いろいろの作戦

They are preparing to take ...
クリスマスを使って，この季節に引き込み，受験のことを説明。

（で，どうしたの？）
「そこで，岡山市の路面電車会社が，受験生にお守りの販売を始めた」
So a tram company in Okayama City has begun ...

（「お守り」って何？）
「お守りは，砂の入ったガラスの小瓶。でも，なぜ，砂？」
The good-luck charms are ...
But why sand?
お守りの形を説明。相手は，「なぜ，砂？」と首をかしげるのは当然。そこで，その声を代弁。

（本当に，なぜ砂なの？）
「岡山電気軌道の電車は，車輪が滑るのを防ぐため，いつも砂を運んでいる」
Trams operated by Okayama Electric Tramway always carry ...

（何の関係があるの？）
「日本語では，『slip』は『試験に滑る』という意味も。そこで，会社は受験生が『滑らないように』と，砂でお守りをつくった」
In Japanese, to slip or "suberu" also means ...
So, the company is using sand as ...
日本語の「すべる」の二つの意味を説明。「車輪が滑る―slip」と「受験にすべる―to fail in entrance exams」。

（で？……）
「砂の小瓶は『絵馬』（神社に奉納する木製の『おふだ』）の形の紙袋に入れられ，袋の上には，『大学行き』と」

The bottles of sand are put into paper bags …
On the bags are printed the destination, …

（いくらなの？　どこで売っているの？）
「お守りは500円。営業所と岡山神社で売っている」
The good-luck charms cost …
They are sold at …

用語

楽しい時：a festive season

クリスマスもすぐ：just before Christmas

つらい時：a hard and trying time

受験する：to take entrance exams

路面電車会社：a tram company

お守り：a good-luck charm, a talisman

ガラス製の小瓶：tiny bottles of glass

砂の入った：containing sand

岡山電気軌道：Okayama Electric Tramway

（車輪が）滑る：(for wheels) to slip

車輪が滑るのを防ぐため：
　　　in case they need to use it (sand) to prevent their wheels from slipping

（入学試験に）滑る：to fail in entrance exams

受験生が滑らないように：in the hope that applicants will not fail (slip)

絵馬の形をした：fashioned in the shape of "ema"

絵馬："ema," or wooden prayer tablets for shrines

「大学行き」："University Bound"

（お守りは）500円：(The good luck charms) cost about five dollars each.

営業所：an office

岡山神社：the Okayama Shrine

第6章 「お話の仕方」――いろいろの作戦

英語版
For most people, this is a festive season, just before Christmas. But for some students in Japan, it's a hard and trying time. They are preparing to take their entrance exams in early spring ….
So a tram company in Okayama City has begun selling good-luck charms for them.
The good luck charms are tiny bottles of glass containing sand. But why sand?
Trams operated by Okayama Electric Tramway always carry sand in case they need to use it to prevent their wheels from slipping.
In Japanese, to slip or "suberu" also means to fail in entrance exams. So, the company is using sand as a talisman in the hope that applicants will not "slip."
Tiny bottles of sand are put into paper bags fashioned in the shape of "ema," or wooden prayer tablets for shrines. On the bags are printed the destination, "University Bound."
The good-luck charms cost about five dollars each. They are sold at the company's offices and at Okayama Shrine in the city. ###
……外国の方々に，分かっていただけたかな？？？

もう一つ，これも，ちょっと変わった行事のお話です。

● うそとり大明神の神事（モモニュース　2009年4月6日）
「岡山県美咲町ではエイプリル・フールの4月1日に，にせの神主がうその祝詞をあげて一年間についた嘘のけがれをはらうユニークな神事が行われました。
　この神事は，11年前桜の名所として知られる美咲町の神社で，桜のつぼみが，

「うそ」と呼ばれる鳥に食べられて花が咲かなくなったのをきっかけに，鳥の『うそ』と人がつく『嘘』を取り除くという願いを込めて，町の人々が始めたものです。参加者は，『宝くじが当たらないように』などと，ほんとうの願いとは正反対のうその願いを絵馬に書いて奉納しました。」

　ある年，名物の桜が全然咲かなかった。「うそ」という鳥がつぼみを食べてしまったから。そこで，つぼみが出るころ，町の人々が神社に集まって，大騒ぎして，「うそ」鳥を追い払う，ということですね。ついでに，「うそのお祈り」をして，この一年間についた「うそ」を清めてもらうとか。この点は，キリスト教文化圏の人々には，分からないお話でしょう。
　このお話に共通の要素はあるのでしょうか？……そう，これは４月１日，「エイプリル・フールの日」の行事ですね。そこを足がかりに……

　英文への地図

　（リード）
「エイプリル・フールの日はうそをついてもよい日。美咲町の神社でも」
On April Fools' Day, people …
That's what people do …

　（何をするの？）
「偽の神主が偽の祝詞をあげる。住民は絵馬に，宝くじに当たりませんようにのような，うその願いを書いて奉納」
A false priest …
Local people offer to the shrine …

　（なぜ，そんなことをするの？）
「過去１年間のうそを清めるため，そして，大きな音を出して，うそ鳥を追い払うため」
They do this from a desire to …

第6章 「お話の仕方」――いろいろの作戦

And they do this too to …

（どうして，そんなことをするようになったの？）
「11年前に始まった行事。神社の桜が一つも咲かず，みんな驚いたため。うそ鳥が桜のつぼみをみんな食べてしまったから」
The event began …
"Uso" birds had eaten …

（効果はあるの？）
「4月1日は，ちょうど桜のつぼみが出るころ。人間のうそが清められたかどうかは，分かりませんが，桜はますます美しい」
April 1 is just when …
It's not known whether …
But the cherry blossoms are …

用語

エイプリル・フールは嘘をついてもよい日：On April Fools' Day, people play tricks.

偽の神主：a false Shinto priest

嘘の祝詞をあげる：to read out a false Shinto prayer

奉納する：to offer … to a shrine

絵馬：wooden prayer tablets

うその願い：false wishes

「宝くじに当たりたくない」："I don't want to win the lottery."

うそを清める：
　　　　　to cleanse themselves of all the lies they've told for the past year

うそ鳥を脅して追い払う：to scare away a kind of bird called "Uso"

神社の桜が一つも咲かなかった：
　　　　　None of their prized cherry trees at the shrine had blossomed.

うそ鳥が桜のつぼみを食べてしまった："Uso" birds had eaten up all the buds.

ちょうどつぼみが出る頃：just when buds are emerging

151

英語版

On April Fools' Day, people play tricks…. That's what people do at a little shrine in the town of Misaki, western Japan.

A false priest reads out a false Shinto prayer. Local people offer to the shrine wooden prayer tablets on which they've written false wishes, such as "I don't want to win the lottery."

They do this from a desire to cleanse themselves of all the lies they've told for the past year.

And they do this too to scare away a kind of bird called "Uso," which means lies, by making a lot of noise.

The event began eleven years ago when people were surprised to find none of their prized cherry trees at the shrine had blossomed. "Uso" birds, or bullfinches, had eaten up all the buds.

April 1 is just when buds are emerging. It's not known whether people are cleansed of their lies. But the cherry blossoms are more beautiful than ever. ###

最後に,「うそは清められたかどうか, 分かりませんが」という一文 (disclaimer) を入れました。「そんなバカな……」と思っているに違いない英語圏の人々に, 一種の共感を伝えるため。

2013年3月4日朝日新聞の朝日歌壇に, 次のような和歌がありました。
「ふぃーふぃーとさみしい口笛吹いている鷽(うそ)が地面にこぼす花の芽」(松坂市　こやまはつみ氏) あちこちで, こんなお祭りが必要のようですね。

第6章 「お話の仕方」——いろいろの作戦

　このお話の英語版を書いている時，サイモン・アンド・ガーファンクルが歌っている「スカボロー・フェア／詠唱」を思いました。ダスティン・ホフマン主演で大ヒットした映画，「卒業」で使われていた歌です。この歌では，二つの違うメロディーを，二人がそれぞれ同時に歌い，不思議に心地よい和音を作り出しています。このお話も，「神社で嘘を清めるお祭り」と，「大声を出してうそ鳥を追い払う行事」の二つのお話の流れが，その歌のように一つになって，不思議な楽しさを醸し出しているように感じます。

作戦－8：「人はみな同じ」

説明は何もいらない……そういうお話もあります。世界中どこでも，人はみな同じだから。お嫁入りの話も，そうではないでしょうか。

● 「美観地区で瀬戸花嫁川舟渡し」（モモニュース，2010年5月10日）
「江戸時代から残る古い白壁の美しい町並みで知られる倉敷市の美観地域で，3日，恒例の『瀬戸の花嫁川舟渡し』が行われ，多くの見物客でにぎわいました。
尺八の音色にあわせて民謡が披露されるなか，花嫁を乗せた小舟は，水面に江戸時代の蔵の白壁と新緑の柳並木が映る川をゆっくりと進んで行きました。」

用語
花嫁：a bride　　江戸時代：the Edo era 400 years ago
倉敷市の美観地域："the Bikan Historical District of Kurashiki"
尺八：a vertical flute　　お嫁入りのときの民謡を唄う：to chant wedding ballads
蔵の白壁：warehouses with white walls
新緑の柳並木：the fresh green of willows
舟がゆっくり進む：A boat cruises slowly.

白無垢を着た花嫁が，新緑に映える川を小舟で下り，花婿の待つ新居に向かう……江戸時代のお嫁入りの様子を再現した行事です。ここは，「地図」とかは関係なく，その光景を目に浮かべながら，読んで下さい……

Just as in the Edo era 400 years ago, a little boat was carrying a bride in white wedding kimono down a river to the Seto Inland Sea under a clear, blue sky….

第6章 「お話の仕方」——いろいろの作戦

The boat was also carrying a man playing the vertical flute and a woman accompanying the music with wedding ballads. An annual event called "A Bride's Wedding Cruise in Seto" was held in the Bikan Historical District of Kurashiki on May 3.
Kurashiki was and is a vibrant merchant town. The river is lined with feudal-era warehouses with white walls.
The boat cruised slowly down the river under the fresh green willows to the bride's new home and her waiting bridegroom. ###

日本語訳です……
400年前の江戸時代と同じように，小舟が，白無垢を着た花嫁を乗せ，青空の下，瀬戸内海に向かう川を下ります。
舟には，尺八を吹く男と，それに合わせて祝婚歌を唄う女も。
恒例の「瀬戸の花嫁川舟流し」が，5月3日，倉敷市の美観地区で催されました。
倉敷は，昔も今も商業の盛んな街。川沿いには封建時代からの白壁の蔵が。
舟は新緑の柳の下をゆっくりと，花婿の待つ新居へと向かいました。

「瀬戸の花嫁」といえば，日本人ならあの人気の唄を想うでしょう。外国の方では，それはありません。でも，「小舟に乗ってお嫁に行く」という風景は，世界中の人々の心に届くと思います。

きれいなお花のニュースです……

●「スイートピー，出荷のピーク」（モモニュース，2010年3月15日）
「卒業式や送別会の時期を迎え，倉敷市船穂町で特産のスイートピーが出荷のピークを迎えています。
岡山県のスイートピーの出荷量は年間で一千万本を越え，全国3位で，その

出荷量の９割近くが倉敷市船穂町のおよそ20軒の農家で栽培されています。」

用語

卒業式：graduation ceremonies
送別会：farewell parties （お別れ：farewells）
スイートピー：sweet peas 　　（花言葉）：(the language of flowers)
出荷する：to ship 　　収穫：to harvest, harvesting

これはごく普通の，お花の収穫の話ですが……。ちょっと，心に浮かんだ「言葉の連想ゲーム」をしてみました。スイートピーの花言葉は，「別れ，新しい出発」です。卒業式や送別会のシーズンには，ぴったりですね。そういえば，シェークスピアの「ロミオとジュリエット」に，「Parting is such sweet sorrow.」という言葉があります。sweet peas と sweet sorrow……心に響きますね。

ここも，「地図」は忘れて，英語版を読んで下さい。

英語版

This is a time in Japan for graduation ceremonies and farewells, a time when people say, "parting is such sweet sorrow."…

So no flowers are more suitable for this season than the sweet pea, whose language of flowers is a farewell and a fresh start.

The harvesting of sweet peas is now at its peak in the town of Funao in Kurashiki in Okayama Prefecture. Okayama is Japan's third largest producer of sweet peas, shipping more than 10 million each year.

Nearly 90 percent of these are produced by about 20 farming households in Funao. For them, this must be the busiest but most fulfilling time of the year. ###

第6章 「お話の仕方」──いろいろの作戦

日本語訳です……

日本は今，卒業式や送別の時，「別れは甘い悲しみ」のとき。

そこで，スイートピーほどこの季節に相応しい花はない。花言葉は，別れと新しい出発。

倉敷市の船穂町では，今，スイートピーの収穫が最盛期。

岡山県は全国3位の生産量。年間一千万本以上を出荷します。

その90パーセントが，船穂町のおよそ20軒の農家で生産されています。

その農家にとっては，今は一番忙しく，でも，心満たされるとき。###

リードの「This is a time for（〜のとき）」のパターンを，最後の文で，繰り返しました。

⑨ モモニュースのこと

字幕ニュース

　モモニュースは，もともとテレビ画面に，日本語と英語の「字幕ニュース」として放送されていたものです。上に書きましたモモニュースも，本来そのような字幕ニュースでしたが，素材が面白いので，この本のために，「放送用の音声ニュース」として書きました。そこで，元々の字幕ニュースとして書いたものを2例見て下さい。

　字幕と言いますと，例えばチャップリンの映画の字幕は，とても優れていると思います。必ずしも英語をそのまま訳してはいないが，その場にぴったりの日本語になっています。テロップを書く面白さはそこですね。ぴったりの言葉を，短く書くということです。

　一般に，人は1字1字を読んで意味を取るのではなく，かたまりで読むといわれています。そこで，日本語のテロップを書くときは，漢字，ひらがな，カタカナを使って，絵を書くような気持ちで書くようにといわれます。

　英語には漢字，ひらがな，カタカナはないので，絵は作れないのですが，文末で意味を切らないよう工夫しました（on　Sundayを，onとSundayで行を変えないなど）。これはなかなか面白い頭の体操でした。そしてこのために，英語が言葉足らずになったという記憶はありません。同じことを簡潔に言って，むしろ，よくなったかもと思います。

　字幕として書くとき，1画面を1ページと考えますと，横にアルファベット42字，縦に10行書けます。まず，先にお話した（p.109）［どじょう］のニュースです。

●「県RDB初の改訂」（モモニュース，2010年4月26日）
「絶滅のおそれがある希少な野生動物を記載した岡山県のレッドデータブックが改訂され，身近な川魚として親しまれてきたドジョウが『保護に留意すべ

第6章 「お話の仕方」——いろいろの作戦

き種』として記載されました。

　岡山県では，絶滅の恐れがある希少な生物の保護につなげようと，平成15年に県独自のレッドデータブックを作成しました。今回，初めての改定がおこなわれ，記載された生物は222種多い1,250種となりました。

　『ドジョウ』は河川改修や外来種との交雑が原因で，保護に留意する必要がある種として初めて記載されました。」

> **用語**
>
> 絶滅の恐れのある野生動物（絶滅危惧種）：endangered species
> どじょう："dojo" or loaches　　レッドデータブック：Red Data Book
> 保護に留意：in need of care for preservation　　改訂する：to revise
> 河川改修：river repairs
> 外来種との交雑：crossing with species brought from abroad
> 絶滅種：extinct species

　下の右側に書いてある日本語メモは，英文の意味を伝えるため，私が書いたものです。字幕ニュースとして放送された時は，日本語原稿は，上の原文が使われていました。

（第一画面）

From times immemorial, "dojo" or loaches, 10-cm long snake-like fish, were a common feature in rice paddies. A popular folk dance depicts people catching them. A folk dish of loaches with spring onions in a pot is delicious.	大昔から，どじょう，……10センチ位の蛇のような魚は，田んぼにはおなじみでした。どじょうすくいという踊りは，獲る姿をおかしく表わしネギと食べる鍋もおいしい。
But now, Okayama Prefecture's Red Data Book lists them as "in need of care for preservation."	でも，今回，岡山県のレッドデータブックで，「保護に留意」とされました。

159

(第二画面)

The Red Data Book says "dojo" are affected by waterway construction and cross-breeding with species from abroad.	川の改修や，外来種との交配が一因と，レッド・データ・ブック。
The prefecture's Red Data Book was first published in 2003. It has been revised for the first time. It now lists 1,250 species, 222 more, as "extinct," "endangered," "rare," "data deficient," or "in need of care for preservation." ###	県のデータ・ブックは，2003年から。今回初めて改訂。初版より222種多い1,250種を，「絶滅」，「絶滅危惧種」，「希少」，「データ不足」，「保護に留意」と判定。

　インターネットで岡山県のサイトを見ますと，生存が危ぶまれている生き物を5段階に分けてあることが分かります。そこで，全体像がわかるよう，この点を書き加えました。
　2013年2月1日，環境省がニホンウナギを「絶滅危惧種（endangered species）」に指定したというニュースがありました。ドジョウやウナギ……日本に馴染みの深い生き物が絶滅してしまったら，悲しいですね。

●「ホルモンうどん入賞報告」（モモニュース2009年9月25日）
　「岡山県津山市の新たな名物料理として人気を集めている『ホルモンうどん』が，秋田県で開かれたご当地料理を集めた大会で3位となりました。
　『ホルモンうどん』は，津山地域名産の作州和牛のホルモンをつかった焼うどんで，秋田県横手市で今月19日と20日に行われた全国各地のご当地料理の日本一を決める大会，B-1グランプリで3位の成績を収めました。
　大会には全国各地から26種類のご当地料理が参加し，訪れた人の投票によって順位を決めますが，ホルモンうどんは準備していた4,700食を完売したということです。」

第6章 「お話の仕方」――いろいろの作戦

用語

地方の名物料理：a local specialty dish

ホルモンうどん：fried noodles with cattle entrails（もつ入り焼うどんです）

B-1グランプリ：the B-1 Grourmet Grand Prize

（料理が）コンテストに出される：to be entered in the contest

投票によって順位を決める：to decide winners by voting

作州和牛：Sakushu cattle, a quality brand of cattle raised in the district

4,700皿完売：All 4,700 helpings are sold out.

（第一画面）

Forget about the Michelin Restaurant Guide …. There are lots of cheap but delicious local dishes in Japan.	ミシュラン・ガイドなど，忘れましょう。安くておいしい食べ物が，日本にはたくさん。
Tsuyama's specialty dish, fried noodles with cattle entrails, won third prize in the B-1 Grourmet Grand Prize.	津山の名物料理，ホルモンうどんが，B-1グルメグランプリで三等に輝く。
The event was held in Yokote in Akita Prefecture on September 19 and 20.	秋田県横手で，9月19日と20に開催。

（第二画面）

In all, 26 dishes were entered in the contest. Their prices ranged from 2 to 5 dollars per serving. Visitors voted to decide the winners.	26種のご当地料理が参加。値段は一皿2ドルから5ドル。参加者が，投票で優勝者を決定。
The dish from Tsuyama uses the entrails of "Sakushu" cattle, a quality brand of cattle raised in the district. It was	津山のホルモンうどんは，同地名産の作州和牛のホルモンを使用。

popular among visitors. All the 4,700 helpings were sold out. ###	参加者に人気。4,700皿が完売。

　最近話題になっているＢ級グルメのお話です。このニュースが出たころ，フランスの「ミシュラン・レストラン・ガイド」が日本に上陸。日本のレストランに星をつけ始めて，話題になっていました。そこで，「ミシュランなど，忘れましょう。日本には安くておいしい食べ物がたくさんあるよ」という出だしでいきました。

　「安い」と言った手前，どのくらい安いか，インターネットで調べて書きました。円はドルに換算しました。外国から来た方々に，安さを分かっていただきたいと思いまして。

第6章 「お話の仕方」——いろいろの作戦

⑩

ニュースか小説か……「誰の目で？」

　ニュースも小説も，世の中の出来事について記すものですが，どのような視点で書くかで，違う面があります。

　例えば，次のような出来事があったとします。
「今日夕方，X市の住宅で，この家に住む40歳の男が同居している姉を刺殺し，灯油をまいて家に火をつけ，逃走。男は，2時間後，家から3キロの路上で，警察に殺人の疑いで逮捕された。」

　以下は，翻訳の一例です。

A 40-year-old man stabbed and killed his elder sister in their home in X City this evening. The man sprinkled kerosene in the house and set it on fire. He then fled. He was arrested on a road about three kilometers from the house two hours after the fire on suspicion of murder.

　これは，小説ですね。問題は，この出来事を「誰が見ていたか？」です。
　これをニュースとして書いてみます。ストレート・ニュースでは，実際に見たか・証明済みか（事実か），あるいは，誰かの見方（情報源の見方）かを書き，それ以外の視点からは，原則として書くことはできません。神様が天から見ていたような書き方は，出来ないのです。
　「何が起きたか」，ここではっきり言えることは，「40歳の男が姉を殺した疑いで逮捕された」ことだけです。そこで……

163

ニュースとして書くと……

The police have arrested a 40-year-old man on suspicion of stabbing and killing his elder sister at their home in X City this evening.

They suspect he later sprinkled kerosene in the house and set it on fire.

The police arrested the man on a road about three kilometers from the house two hours after the fire.

日本語訳

警察は，40歳の男がX市の自宅で，同居する姉を刺殺した疑いで逮捕しました。男は犯行後，家に灯油をまき，火をつけたと警察。

警察は，火事から2時間後，家から3キロの道路上で男を逮捕しました。

「灯油をまき，火をつけた」とは，この段階では，警察が家の状況を検証して出した結論です。

ニュースと小説の「視点の違い」といいますと，トルーマン・カポーテの「冷血（*In Cold Blood*）」を思います。この小説は，犯罪場面についてだけ言えば，ニュースを書くように，小説が書かれています。

「冷血」は，カンザス州ホルコームに住む4人家族が惨殺された実際の事件にもとづくもので，「彼らが生きているのを見た最後」という章で始まります。この家族はどういう人たちか。最後の1日をどう過ごしたか。そして，刑務所を仮釈放された男2人が，受刑者仲間から金があると聞いたこの家に，黒のシボレーで向かう様子が，交互に描かれています。

そのあと，日曜日の礼拝に来ないのを不審に思った近所の人が，家を訪れ，4人の惨殺死体を発見。警察の捜査が始まり，やがて2人が逮捕され，裁判ののち死刑になって，物語は終わります。ここでは，犯行がどのように行われたかを直接書いてある部分はありません。すべて，現場の状況，近所の人々の証言，犯人と同じ刑務所にいた受刑者からの情報，盗品の追跡，犯人の自供など

第6章 「お話の仕方」──いろいろの作戦

にもとづくもので,警察の捜査と裁判,そして,作者の犯人との面談で明らかにされていきます。

「人間社会の出来事を,どのような目で描くか」……さまざまな道があり,奥深いものを感じます。

第7章

チェック,チェック,チェック

❶ 他人の目でチェック

　書き終わりますと，大切なのは見直しです。「他人の目で」きびしく見直さなければなりません。書き方についての名著「*On Writing Well*」の著者，ウイリアム・ジンサー氏は，"The essence of writing is rewriting."（「ライティングの真髄は，書き直し」）といっています（Zinsser, 同, p.xii）。

　時間があるときは，一晩寝て，朝，フレッシュな頭で読み直します。とても効果的です。でも，現場でニュースを書いているときは，そんな時間はありません。書いた途端，「他人の目で」見直すことが必要です。

　まず，事実関係を確かめます。日本文の内容を正確に伝えているか？　名前は正しいか。数字は？　場所は？……

　同時に，英文を検討します。書くことは選択の連続です。主語は適切か。動詞は？　文の構造はこれでよいか。文法的な間違いはないか。お話の進め方は分かりやすいか。単語の選び方は大丈夫か。そして，ニュースとして適切か。事実と意見を混同していないか。公平な書き方になっているか。声を出して読み，文章が英語のリズムに乗って心地よければ，合格です。

　絶対に大丈夫と思ってチェックしなかったときほど，危ないです。さっと読み返し，「ちょっと変だ……」と感じたときは，カンを信じて確認すると，「あぁ～，よかった」となることが多いです。日本文の意味がよく分からないのに，急いで「ことば」だけを「翻訳」してしまうと，あとでおかしなことを書いてしまったと恥ずかしくなります。

ニュースルームのチェック体制

多重英語ニュースでのチェック体制は，次のようなものです。

まず，デスクが日本語原稿をニュースライターに渡し，ライターは英語版を書き，リライターに送ります。リライターは英語が母国語で，ライターが書いた英語版を，英語とニュースの観点からチェックし，日本人のチェックデスクに送ります。チェックデスクは，英語版と日本語版をくらべ，内容に問題がないかを調べて，アナウンサー（リーダー・読む人）に送ります。この作業はすべて，コンピューター上で行われます。

非常に急いだ時は，ライターが英語版をプリントアウトし，リライターとチェックデスクを通した後，スタジオに駆け込むこともあります。

③

「ヘマ子歴伝」

　多重ニュースの場合，ミスをしますと，オンエア中に抗議の電話がかかってきます。例えば。台風のニュースで沖縄の「西表（いりおもて）島」を「Nishi-omote Island」と放送しますと，間髪をおかず電話が鳴ります。

　ここでは，私の数々のミスをお話しします。ミスは一刻も早く忘れたいのですが，なかなか忘れられません。

　昭和天皇のお言葉を書き過ぎてしまったことがあります。1987年，長い患いの後，高松宮が亡くなられたとき，天皇が「そうか，もう……」というような短い言葉で，お悔やみを言われました。それをそのまま英語で書けばよかったのですが，何故か，そんな場合のお悔やみの言葉を長々と書いてしまいました。何故か，デスクのチェックも通り，放送されてしまったのです。

　項目が終わったあと，電話が鳴り，「天皇はそんなに長く話してはいない」とお叱りを受けました。デスクは頭を抱え，「So soon ....などとしておけばよかった」と言っておられました。以来，私は天皇のお言葉には，特に気を遣うようになりました。

　「突っ込み」のニュースを間違えて，怖かった時があります。突っ込みとは，放送中に飛び込んでくるニュースです。元代議士の元秘書が何かの疑いで逮捕されたニュースでした。私はそれをとっさに，元代議士が逮捕されたと読み違えて英語で書き，それが放送されてしまいました。オンエアの時，日本語を聴いていて気がつき，青くなりました。

　デスクのところに飛んでいき，今のニュースの訂正を入れたいとお願いしました。デスクが許可してくれたので，新たに書いていますと，心配そうにそばに来て，見ておられました。訂正の訂正などできませんから。

　あとで，とても叱られると思ったのですが，デスクが，「ミスはしない方がいい。しかし，したときは，あのようにすぐ訂正を出すのが，一番いいのだよ」と言って下さいました。涙が出ました。

第7章　チェック，チェック，チェック

　これも放送中のことです。スタッフが電話を取り，何か謝っていて，遠くからデスクが，「確かめろ！」と叫んでいます。内容から，私の書いたニュースで，billion が million となっていたとの抗議とわかりました。この時も青くなって，スタジオに飛んでいき，その項目を読んだ女性のリーダー（アナウンサー）のもっている原稿を見ますと，無事 billion となっています。すると，女性リーダーが私の耳元で，"It's me. It's me." とささやきました。自分が読み違えた，と分かっておられたのだと思います。

　確かに，正しく書いていても，リーダーが読み違えることはあります。あるとき，放送終了間際，「インド西部で大きな地震」という突っ込みが入りました。みんな息をのんで聞いていますと，イギリス人のリーダーが，A major earthquake hit western Japan. と読み上げました。書いた人は，頭が真っ白になったと思います。みんなあんぐりしているところに，スタジオから出てきたリーダーの第一声は，"Sorry about that."。

　以前にも，A typhoon is approaching.（台風が接近中）を，A tycoon is approaching.（巨頭が接近中）と読んだ方です。British English がとてもすてきな方でしたが，私に似たあわて者なのでしょう。今はイギリスで，大好きな猫ちゃんと楽しく暮らしておられることと思います。

　コハクチョウ事件では，デスクのおかげで，一瞬のところで助かりました。コハクチョウが湖にやってきたというニュースです。私はとっさにこれを「コハク・チョウ」と読んでしまいました。amber butterflies などという蝶があったかなとは思いながら，書きました。すると，放送数分前，デスクが飛んできて，「ののさん。蝶じゃないよ。白鳥だよ」。私は大慌てで訂正しました。「コ・ハクチョウ」だったのです。その後，amber butterflies とは，琥珀の中に閉じ込められた蝶のことと知りました。

　どこかの「爆撃機」が誤爆したという突っ込み原稿が入りました。私はなぜか，爆撃機，ミサイルなどの戦闘用語が出てきますと，アドレナリンが出てきて，張り切って書きます。書いた後，無事放送されたと思ってホッとしていますと，デスクが怖い顔をして，私を指さして怒っておられます。爆撃機（a bomber）を，戦闘機（a fighter）と書いていたのでした。爆撃機は上から爆弾を落とす飛行機，戦闘機は空で撃ち合いをする飛行機です。そのような基本

171

的な用語を知らないままニュースの仕事をしていたことに，愕然としました。

「赤外線」は infra-red ですが，私は突っ込み原稿のとき，中のハイフォンを落とし，infrared と書いてしまいました。オンエアで，初見で原稿を読んだリーダーが，これを「インフラ・レッド」ではなく，「インフレアード」と読んでしまいました。叱られたのは，私です。

英字新聞や雑誌で見つけた面白そうな言葉を使ってみたくなり，失敗したことが何度かあります。

bellwether とは，「首に鈴をつけ群れを先導する雄羊」のことで，「これから起こることのきざし」の意味と知りました。そこで，「今回の総選挙は，日本の将来を占うものになる」を，The coming general election will be a bellwether for Japan's future. と書いてリライターに送りました。すると，「総選挙の日は良いお天気」のような意味に書きかえられていました。リライターは，bellwether を belle weather，つまり，beautiful weather と受け取ったのではないかと思います。

1986年，三原山が噴火したとき，原稿に「島の周りの海が濁っている」とあり，私は，The sea around the island has become turbid. と書きました。"turbid" とは，「濁っていて，透けて見えない」の意。ところが，放送で聞いていますと，turbid が turbulent に変わっていて，あわてました。turbulent とは，波が大荒れしていることではないでしょうか。映像では，波静かな海が，茶褐色に濁っていただけです。muddy などと書けばよかったと。

飛行機事故の時，the ill-fated plane（不運な飛行機）という表現をあちこちで見ましたので，ある時，使ってみました。すると，デスクの雷が落ちました。「ill-fated のような言葉は誰も使わない。使っているのを見つけたら，一回5千円あげる」と。それから，何万円分か見つけましたが，黙っていました。

要するに，ちょっと面白そうな，ちょっと変わった言葉や，cliché（陳腐な決まり文句）は，特に放送では，使ってはいけないということです。BBCのガイドラインにも，視聴者は英語が母国語の人ばかりではないとありますし……。「分かりやすい，平凡な言葉が一番」，ということですね。

以前，朝日新聞の夕刊に「ガタピシ」という名のかわいい犬の漫画が連載されていました。おかしなヘマをして，周りの人を笑わせている犬でした。ある

とき，原稿を送ると，デスクが「これはガタピシだ！」と大声で言われました。何のことかと思っていると，私が書いた英語を，声を出して読むと，「ガタピシ」しているということでした。今なら，それが何故いけないか，よく分かります。

デスクがよく言っておられました。何をミスするか，人によって違うそうです。名前を間違えやすい人。数字に弱い人。内容が根本的に違ってしまう人。……急いだときは，その人の弱いところだけをチェックすると言っておられました。私はなぜか，「北陸」をTohokuと書いてしまったことが，2～3度あります。なぜか，分からないのですが。

どこの職場にも怖いお局さまがいるもので，多重にも，もちろんおられます。このお局さまは同時通訳者なので，放送中はスタジオに入っています。放送が終わったとたん，スタジオのドアがぱっと開き，「ののさん！」と大声で呼ばれた時は，やばいです。「沖縄の那覇がハナになっていたわよ」。

あるとき，突っ込み原稿を，私は書くのが間に合わず，友人の同時通訳者はうまく訳せず，二人とも叱られました。私たちはしょんぼりと渋谷のセンター街を歩き，駅の近くの庄屋で，やけ酒，やけ食いをしました。お酒に強い友人が2人分飲み，飲めない私が2人分食べて，さらに体重を増やしたのでした。

仲間のお許しをいただいて申しますと，今まで一番怖かったのは，イランとイラクが全部逆になっていたというミスです。項目の放送が終わった途端，アメリカ人から電話があり，逆ではないかとの指摘がありました。デスクがチェックした結果その通りで，後で，ていねいな謝りの電話をかけておられました。これなどは，ライターが書き，リライターがチェックし，チェックデスクが見直し，リーダーが目を通してもなお，間違っていたもので，ミスは油断できないものと，心に留めました。

ミスをすると，気持ちが落ち込みます。娘はよく私をNHKの西口まで車で迎えに来てくれたのですが，出てくる私の顔を見た途端，「今日は，何かやったな」とわかったそうです。「どうかしたの？」と聞くと，「何でもないわよ」と不機嫌に言ったまま，黙って座っていたそうです。そのうち，代官山あたりまでくると，「あのね，今日はね……」といって，自分の「へま」を説明し始めたとか……。

「ニュースライター」コースの講師をしていた時,「ミスをしたら,どうしたらよいか」という話になりました。不思議なのですが,ミスをすると,すぐばれる人と,少しもばれない人があるような気がします。私は前者です。人の性格はごまかせないものです。そこで,私はミスに気がつきますと,大声で謝ることにしています。そして,クラスの方々にいいました。「ミスをしたときは,ホームランを打たれた投手,尻もちをついたフィギュア・スケーターと同じ。後に引きずらないこと。すぐ立ち直ること。誰にもミスはあるから。そして,二度とミスをしないよう,気をつけること」と。

　仕事をしていますと,人の暖かさが心にしみます。「大きなミスをする人は,大きく伸びるのだよ」と励ましてくれた人。国会のニュースで失敗し,次の日,「こうすればよかった,ああすればよかった」と思いながら,でも当面は,国会のニュースは書かせてくれるはずはない,と思って小さくなって座っていると,黙って,国会の原稿を私の机の上においてくれたデスク。今と違って,1980年代,90年代の国会では,英語で書いていて面白く,夢中になるような,中身のある議論がありました。

　そこで,まとめます。ニュースにミスは許されない。でも,ミスは起きる。ミスをしたときは,すぐ謝り,素早く訂正する。そして,次はミスをしないよう,気をつける。これが「鉄則」と思います。

　ところで,私たち英語ニュースライターは,日本語のニュース原稿のミスを一番たくさん見つけてくれると言われたことがあります。ある意味,私たちほど,真剣に原稿を読んでいる人種はいないかもしれません。

第7章　チェック，チェック，チェック

④

日本の英語ニュースを外から見たら

　1993年，現在のNHKグローバル・メディア・サービスの国際研修室に，「放送翻訳」（現在の「ニュースライター」）コースが出来たとき，私はそれを立ち上げ，教えるよう依頼され，準備に入りました。

　準備の一環として，当時日本で仕事をしておられたアメリカのジャーナリストの方々，アメリカ，イギリス，オーストラリアなどからきてNHKでリライターやリーダー（アナウンサー）をしている方々に，日本の英語ニュースをどう思うかをたずねてみました。

　少し古いものですが，その時うかがいました感想は，それ以後繰り返し耳にしますので，ここに参考までに書いてみます。

① 主語にThe governmentが多く，政府の広報機関のような感じがする。
② It appears ... It seemsのような表現をよく耳にするが，そのような書き方は自分が母国でニュースを書くときは許されない。
③ 受け身が多い。
④ 細かい数字が多すぎる。
⑤ 犯人が逮捕された日，まだ犯人かどうか確定されていない時点で，事件の「クロノロ」や「犯人像」などの報道をしていいものか？
⑥ 「animal abuse（動物虐待）」という感じのニュースが多い。「ゴールデンウィークを前に，アシカが芸の大特訓」，「池の総ざらいで，子供たちが魚をつかみ取り」，「ばんば馬レース」（馬に重い荷車を付け，坂を登らせるレース）などなど。
⑦ 今日のアングルだけのニュースが多く，全体像が分からない（当時のCNN東京支局長，Bruce Dunning氏，1993年4月16日）。
⑧ 英米では，報道の目的は政府・大企業などの活動の監視。公表されたことをそのまま受け取らず，ウラをとる。出来事のWhyを伝えるため，いろい

175

ろの視点から伝える。日本では，現状（status quo）維持を重んじ，実質的に「体制」を支えることになっているようだ。ニュース源への接近が難しい。社会一般に，「人と同じ」をよしとする強い圧力があることを感じる（CNN，John Lewis 氏，1993年4月20日）。

⑨　ニュース番組のスタジオに，生け花が置かれているのは驚きだ。季節の花や動物の話題が多く，ニュースが社会をつなぐ「糊」になっていると感じる。

以下は，私の感想です。

①②③は，日本語のニュースを，すなおに「直訳」すると，そうなることが多いと思います。

④は，私自身の実感でもあります。以前，「富士山で，迷子になった子犬発見」というニュースがありました。放送時に，テレビで観ていますと，The puppy was found at an altitude of 2,543 meters on Mount Fuji という詳し過ぎる数字と，小さな白い子犬の姿があまりに対照的で，正直，変だと思いました。

「数字は丸めて（round off）」というのは，特に放送ニュースについてよくいわれるアドバイスです。株価や為替のニュース以外では。

⑤については，英語で書くとき，私は，それが「警察の見解」であることをはっきり書くようにしていました。2009年5月，裁判員制度が始まってから，このような報道は見かけません。

⑥人間を楽しませるための訓練は，動物には辛いものでしょう。文化によって，どのようなものを「悪趣味」と感じるかの違いと思われます。

これに関連して，私が今まで書くのに，ちょっと抵抗を感じたニュースがあります。季節外れのさくらんぼ一粒を育てるのに，何千円かかったというニュース（エネルギーの無駄，貧しい国の人々はどう思うか），魚を長距離新鮮に輸送するため，トラックの中で，魚の箱に少しずつ水をたらし，魚を生かさず殺さず運ぶというアイデア（苦しそうで可哀そう），レンタル家族を利用する人々（家族やペットのいない人に，レンタル子供，レンタル孫，レンタル・ドッグなどを貸すビジネス）など。（レンタルで貸し出された子供や，犬や猫は，どう思っているのだろう。）

⑦は，同感です。先に，「日本のニュースには背景説明が足りない」のところでも書きました。この点，英語圏の新聞は特に優れていると思います。記事を一つ読みますと，事件の最新の展開と歴史的背景がよく分かることが多いです。

　これに関連して，「外人の犯罪増加」のニュースに，アメリカ人のリライターから抗議が出たことがあります。「日本にいる外人の数がどのくらい増えたかを書かないと，外人の犯罪が増えたとはいえない」と。

　2009年6月1日朝日新聞の「池上彰の新聞ななめ読み」にも，同じような指摘がありました。朝日の「老人ホーム苦情急増」の記事で，1998年度から2007年度までに苦情が5倍に増えたとあるが，老人ホーム自体が14倍に増えているから，割合としてはむしろ減っているのではないかと，「首を傾げて」おられます。

　⑧と⑨は，その通りだと思います。ニュースが社会で演じている役割が違うとよく指摘されます。

　日本では，季節の花や祭りの便りを伝えて，「日本は一つ」という感じを醸成するという役割を担っている面があると思います。ニュースが社会をつなぐ「糊」になっているといえましょうか（cohesive news）。

　それは少しもかまわないと思いますが，同時に「民主主義の番人」であってほしいと思います（adversarial news）。民主主義社会では，有権者の投票が社会の行方を決めていくわけですから。

第8章

言葉と映像

❶ 言葉の力・映像の力

> ラジオ：心に絵を

　ラジオは，耳から聞こえる言葉だけで，聞く人の心に絵を描きます。どのように描くか。ここはやはり，「放送ジャーナリズムの父」エド・マローに登場していただきましょう。

　1943年12月3日未明，連合軍がベルリンを空爆。マローは爆撃機の一機に同乗し，その夜アメリカに向け放送しました。「Orchestrated Hell（地獄のオーケストラ）」と呼ばれる有名な放送です。

… The clouds were gone …. The small incendiaries were going down like a fistful of white rice thrown on a piece of black velvet …. The cookies—the four-thousand-pound high explosives—were bursting below like great sunflowers gone mad ….
（雲は晴れた。……焼夷弾が黒いビロードの上に白いコメを撒くように落ちて行く。……クッキーと呼ばれる2トンの大きな爆弾が，気が狂った大きなヒマワリのようにはじける……）（Bliss, ed. *In Search of Light*, p.73）

　大小の爆弾が闇夜の街に落ちていく様子が，目に見えるようです。

　1943年4月11日，マローは北アフリカの連合軍を訪れます。

… There is a cold, cutting wind. When the clouds hit the mountain tops, you expect them to make a noise. There is dust and cactus and thorn bushes and bad roads. It is a cold country with a hot sun ….

(冷たく肌を刺す風。雲が山の頂にぶつかると，音がしそうだ。埃と，サボテンと，とげ草の藪と，そして悪路。太陽が暑く照りつける，寒い国だ)

(Bliss, ed. *In Search of Light*, p.62)

北アフリカのくっきり晴れた空。音を立てるように山にぶつかる雲。……まざまざと目に浮かびます。そして，冷たい風と暑い太陽を，肌で感じます。ラジオでは，言葉の力で，聞く人の心の目 (in the mind's eye) に絵を描き，記憶の中に眠っているイメージを呼びさますのです。

テレビ：映像と言葉

テレビには，映像があります。映像の印象は強烈です。そこで，テレビでは，「文の構造や言葉の選び方を変える必要がある」といわれています (Hudson & Rowlands, *The Broadcast Journalism Handbook*, p.156)。

長年，CBSの人気ニュース・マガジン*60 Minutes*のプロデューサーをしていたドン・ヒューイット氏は言います。「50年以上テレビ界で仕事をして言えることは，文は短い方がよい。そして，無駄な言葉は切る。それが言葉の力を強くするのだ」(Hewitt, *Tell Me a Story,* pp.127-128)。

映像に合わせて書くコツは，これです。「簡にして，要」。長い，複雑な文は，映像のスピードについていけません。映像を見ながら，「……今，なんて言った？」という感じになります。

テレビでは，映像と言葉が互いに補い合ったとき，効果を発揮します。

多くの場合，映像は真実を伝えます。やせた子供の大きな目から流れ落ちる涙は，アフリカの飢饉の悲惨さを伝えます。このようなとき，映像ではわからない事実 (今年，何人の子供が飢えで死んだかなど) を，言葉で伝えると，さらに一歩，真実に迫ることができるでしょう。

映像が真実を覆い隠すときもあります。例えば，湾岸戦争のときの「ピンポイント攻撃」。戦争は決してクリーンなものではありません。真実を示す映像を敢えて見せない，あるいは真実を隠すような映像にすることを，to sanitize (「消毒する，好ましくない部分を削除する」) と言います (Bliss, *Now the News*, p.346)。そんな場合，その攻撃で何人の市民が犠牲になった

か，その付近の住民にどのような影響があったかなどを，言葉で伝えたいです。

　言葉で説明しなければ，何を示しているのか分からない映像もあります。1989年のサンフランシスコ地震の時，アメリカのあるテレビ局が，現地から送られてきた高速道路に止まった自動車の列の映像を，長時間放送し続けたそうです。ところが，それが２層式の高速道路の上の部分が下に落ちて，サンドウィッチ状態になった映像だと分かったのは，ずいぶん後になってからだそうです。

　そこで，映像にともなう原稿を書くとき，少なくとも三つのことを考えます。第一，大枠では，見えていることについて書く（関係のないことは書かない）。第二，映像で見えていることは，描写しない。第三，映像だけでは見えない視点を描けると，すばらしい。

　ある町でイノシシがパチンコ屋に迷い込み，店中を走りまわったという話題ものがありました。小さな黒いイノシシが，パチンコ台の周りを走り回っている姿は，ユーモラスです。でも，**A wild boar is running around in a pachinko parlor.** などと書いても，見れば分かります。

　そこで，見えることは書かず，見えないことを書きたくなります。例えば，これを地球温暖化にともなう気候変動に結びつける真面目なニュースにするなら，今年は台風が多く，木の実が少なく，この秋はもう何匹現れたと書くとか。あるいは，軽い話題にするなら，**Humans and wild boars may have something in common. They want to try their luck at pachinko when they have the time.**（イノシシも，人と同じで，暇なときパチンコがしたいのかな）などと書くとか。

　マローは戦後，テレビに進出し，朝鮮戦争のとき，CBSのクルーと共に戦場に飛び，戦う米軍兵士を取材しています。その番組の一場面です。

　（カーン，カーン，カーンという，乾いた音がします。しばらくして，兵士が穴を掘っている映像が出ます）。

　　マロー：

They are digging holes. They dig lots of holes in Korea. If

第8章　言葉と映像

you dig before dark, you have a better chance of living after light.
（彼らは，穴を掘っています。朝鮮では，たくさんの穴を掘ります。暗くならないうちに掘れば，陽が落ちた後，生きているチャンスが増えます）

(Bliss & Hoyt, *Writing News for Broadcast*, p.61)

兵士が朝鮮の冷たい凍土に「たこつぼ foxholes」を掘っているのです。「たこつぼ」とは一人用の壕で，荒野を行軍している兵士が，夜眠るために掘るものです。土の上で寝ていると，夜中に敵の狙撃兵に狙い撃ちされる恐れがあります。そこで，毎夜，自分の穴を掘って，その中で寝るのです。

カーン，カーンという金属的な音が凍土の硬さを示し，行軍に疲れた兵士が，一日の最後に行う作業のつらさを表わしています。そして，ポイントは，「If you dig before dark, you have a better chance of living after light.」です。穴を掘っても，朝まで生きているとは限りません。生きていたいとの思いで，掘るのです。

この短い文に，戦場の兵士の厳しさが凝縮されています。そして，これは映像だけでは決してわかりません。大事なのは，映像だけでは見えないもの，映像の奥にある真実を，言葉で切り取って見せることです。

"A picture is worth a thousand words."（映像は，千の言葉に勝る）と，よく言われます。でも，CBSのエリック・セバレイド記者は言います……「One good word is worth a thousand pictures.（すばらしい一言は，千の映像に勝る）」と（Bliss & Hoyt, *Writing News for Broadcast*, p.40）。

ブリスとホイトの両氏は，「テレビでこそ，言葉は大切」と言います。

「話し言葉はあまりにはかなく，時間は短く，映像は時として，間違ったメッセージを伝えてしまうから」("... because the spoken word is so perishable, time is so short, and the picture on occasion so misleading ....")（同，p.xii）と。

よい映像があるときは，何も書かない選択もあります。黙って，映像に語らせるのです。アメリカのニュースルームには，"Silence is the best script."（沈黙は，最上の原稿）という言葉があるそうです。"Sometimes, writing for television means not writing at all." (場合によっては，テレビでは何も書かないのが一番) ということですね (Hudson & Rowlands, *The Broadcast Journalism Handbook*, p.157)。

第8章　言葉と映像

❷

こんな英語が書きたい

言葉のメロディ

　私たちが五感で感じるものについていえば，子供たちの笑い声，きれいな花や景色などは，音や映像で伝えることができます。味，におい，肌触りなどは，今のところ直接伝える方法はありません。

　そこで，一般に「伝える」ということは，受け手の知性と経験と記憶の中に眠っているものを，「言葉」を使って，想像の世界によみがえらせことです。そこでやはり問題は，「書く力」です。

　そして，「聞くために書く言葉には，読むために書く言葉とは別の，メロディとリズム（cadence）がある」と，ドン・ヒューイット氏は言います（Hewitt, *Tell Me a Story*, p.131）。書き手としては，自分の感覚の中に，そのメロディとリズムを捕えたいですね。でも，どのようにして？

　そこで，AP のご教訓です。「書く力を磨く一番の方法は，聞く力を磨くこと。("Central to honing your writing skills is honing your listening skills.")」（Kalbfeld, *Associated Press Broadcast News Handbook*, p.15）英語の優れたニュース番組やドキュメンタリーに親しみましょう。そして，すてきなドラマや映画をたくさん観ましょう。すばらしい言葉の宝庫です。そして，自分の書いた英語に耳を傾けてみましょう。… Does it sound graceful?

　英語のメロディとリズムといえば，英語の歌を聴くのも楽しいですね。例えば，映画「卒業」の主題歌，サイモン・アンド・ガーファンクルの「サウンド・オブ・サイレンス」（Simon and Garfunkel, *The Sound of Silence*）を聞くたびに，心が躍ります。「こんなリズムの英語が書きたい」……と。

　もちろん，すばらしい英語で書かれた本もたくさんあります。そんな本を読むと，その言葉のメロディとリズムに感覚的な快感を覚えます。楽しみで読む本の中では，私はサスペンス小説の作家，ジェフリー・ディーバー（Jeffery

185

Deaver）の英語が好きです。とても心地よく読み飛ばせます。よい英語をたくさん聞いて，たくさん読む……それがよい英語を書くためのカギかと。そして，それは毎日の大きな楽しみになります。

「道しるべ」

そこで，「こんな英語を書きたい」という「道しるべ」をまとめました。

① 主語と動詞を近くに書いた，分かりやすい文。
　（Who－Did－What をはっきりと）
② なるべく能動態で。
③ 文は短く。一つの文に一つのポイント。
④ その短い文を，論理的に並べる。
⑤ 短い，日常語（everyday words）を使う。
　（例：love＞affection，to use＞to utilize，law＞legislation）
⑥ 形容詞や副詞はなるべく使わない。
　強調するものは不要　very beautiful（とても美しい）
　書く人の私見を加えるものは避ける（ニュースでは）his stupid remark（バカな発言）
　意味を制限するものは必要　U.S. military presence in Okinawa（沖縄の米軍）
⑦ 自分の書いた文に耳を傾け，心地よい音とリズムを求める。
　「聞いて，気持ちの悪い文」の例
　A fire broke out at a Thai toy factory.（タイのおもちゃ工場で火事）
　――音のつながりが変

　Fire fighters are fighting a department-store fire on Fifth Avenue.
　（消防士が五番街のデパートの火事を，消火中）
　――[f] と [fai] の音が多すぎる

　The Rice Price Council decided to raise the price of rice for farmers.（米価審議会，政府が農家に払うお米の価格値上げを決定）
　――[ai] の発音が多すぎる。
　以前，お米の値段を安定させるため，政府が農家からお米を買い，卸商に

売っていた時代に，私の書いた変な文です。

文はいろいろな書き方ができます。左の文 (Not so good) と，右の (Better) の文をくらべてみて下さい。

(Not so good)	(Better)
The accident was caused by excessive speeding by the bus.	Police say the bus was driving too fast.
In summer, the maximum differences of temperatures inside and outside the cave are nearly 20 degrees.	In summer, it's up to nearly 20 degrees cooler inside the cave than outside.
The number of airline passengers has dropped this year from last in the United States.	Fewer Americans are flying this year than last. (CBS)
A man has been arrested after he committed an appalling and unprovoked attack on a defenseless three-year-old girl.	A man has been arrested on suspicion of attacking a three-year-old girl.
He wanted to know the reason for her departure.	He wanted to know why she left.
He is the winner.	He won.
I'll do my utmost efforts.	I'll do my best.
He didn't succeed.	He failed.
He did not move, though he was asked to.	He refused to move.

すっきりした文を書くには，まず，「頭を整理し，筋道立てて，考えをまとめること」。(Zinsser, *On Writing Well*, p.8) そして，「簡潔」に，「友だちに手紙を書くような気持ちで」(Reston, *Deadline*, p.81)，ごく平凡な，でも，ポイントを突いた，分かりやすい文を書きたいです。「タイプで一番重要なキーはピリオド」(同，p.144) という助言を忘れずに。そのような文にこそ，「伝える力」があると思います。

第9章

What else?

表現は控え目に (Understatement)

　ニュースは, 戦争, 殺人, 犯罪, 事故など, 劇的な展開を伝えます。そのとき, 過激な言葉を使ったり, 感情をあらわにした声で伝えたりすると, 聞いている人の気持ちを傷つけたり, 白けさせたりします。そこで, 抑制のきいた表現 (in restrained language) で, ちょっと離れた気持ちで (with a sense of detachment) 伝えることが大切といわれています。

　1938年, 第二次世界大戦が始まった直後, マローは採用されたばかりの女性記者2人を前に, 次のように助言します。「君たちがナチのオランダ侵略を伝えるとしても, 私がナチのイギリス侵略を伝えるとしても, 状況を控え目に伝えよう ("Understate the situation.")。町は血の海, などと言ってはいけない。毎朝, おはようと言っていた警官が, 今日はいないと言った方が, 聞く人の心に響く」(David H. Hosley, *As Good As Any of Us: American Lady Radio Correspondents in Europe, 1938-1941* p.19, Bliss, が *Now the News*, で引用。pp.99-100)。

　第二次世界大戦にアメリカが参戦。豪華客船を輸送船に仕立てて, 兵士をヨーロッパに送ります。その船に同乗したマロー。船はアメリカ各地から集まった若い無邪気な若者で, 立錐の余地もありません。冗談を言ったり, 歌ったり, 母親に「とうとう俺も外国に来たよ, と言いたい」と言ったり……。

　やがて, 船は港に入り, 兵士は戦場に向かいます。For me the ship will always carry... the ghosts of men and boys who crossed the ocean to risk their lives as casually as they would cross the street at home. (この船を見るたびに私は, まるで故郷の街の通りを横切るように, 何気なく大洋を渡り, 命を賭ける戦いに向かって行った若者の亡霊を見るだろう) (Bliss, ed. *In Search of Light*, p.69)。

　多分生きては帰れない, 無邪気な若者を惜しむ気持ちを伝えた, 見事な understatement ではないでしょうか。

聞く人への心づかい (Taste)

BBCは放送を「家に招かれた客」にたとえ，招かれた家では「good company（好ましい客）」でなければならないと言います（Hudson & Rowlands, *The Broadcast Journalism Handbook,* p.129）。聞いている人の感情を害し，傷つけるようなことを放送してはいけないということです。tasteの問題と言われています。

何がいけないかは，感性と常識の問題です。これは時とともに変わっていく面があります。1940年代には，レイプ（A woman was raped.）は禁句だったそうです。A woman was criminally assaulted.（犯罪的に襲われた）と書かねばならなかったとか。これは変だった，とブリス氏は言います。A woman was legally assaulted.（合法的に襲われる）ということがあるのかと（Bliss, *Writing News for Broadcast,* p.41）。rapeについては，多重でも問題になったことがあります。菜の花の英語はrapeです。spring flowersなどと言ったりしました。

偶然ですが，「近畿」Kinkiは，英語の「kinky（変態）」と発音が同じです。そこで，天気予報や台風のとき，Kansaiと書いたりします。ちょっと地域がずれるかもしれませんが。

英語ニュースで，表現上避けた方がよいとされていることを挙げてみます。
── 事件現場の詳細などは，視聴者の受け止め方に十分配慮した表現を用いる。
── 人種，皮膚の色，宗教などは，慎重に扱う。
── 深刻なニュースは，言葉で遊んだり，軽く扱ったりしない。
── 事故や犯罪の被害者のことを伝えるときは，言葉づかいに気をつける。性犯罪の被害者の名前や，未成年の容疑者の名前を表記するかどうかは，必要性を充分に検討したうえで，慎重に判断する。

—「不治の病」という表現を避ける。an incurable disease, There is no cure for this disease. などと言わない。
—病人についての言い方に気をつける。
例：He is suffering from cancer. より，He has cancer. の方がよい。
to suffer には，「苦しむ」という意味があるから。
—障害者の言い方に気をつける。
例：He is handicapped, disabled, crippled, wheelchair-bound. より，He has physical or mental disabilities (disorders). people with physical or mental disabilities などの表現を使う。
physically or mentally challenged のような表現は，ニュースを書くときは，私は使いません。
blind（目が見えない），deaf（耳が不自由）は使うこともありますが，deaf and dumb（聾唖者）は避ける。He cannot hear or speak. と書く。
—「自殺する」は，commit suicide とも言います。でも，commit は，commit a crime, commit a murder のように，犯罪を「犯す」という意味でも使われるため，take one's life とか，kill oneself の方がよいと，BBC は言います。(「*BBC Editorial Guidelines* 編集基準」，p.48)
—「年配者」は elderly people とする。aged は避ける。
senior citizens は，ニュースには向かない。ていねい過ぎる感じ。

以上のような注意を要する言葉の使い方は，例えば，*Associated Press Broadcast News Handbook* の Part 2：The Specifics of Broadcast Style（pp.135-476）や，Ron McDonald の *A Broadcast News Manual of Style* などを参考にすると安心です。

第9章　What else?

3

放送英語ニュースの小さな楽しみ（Humor）

　ニュース番組の初めには，重要なニュースが並んでいます。ところで，終わりの方には，ときどき，思いがけない楽しみがあります。ユーモアです。ちょっと面白いこと，ちょっとおしゃれな言葉の遊び，言葉と映像の交わりなどに，巡り合ったりします。

　unintended humor（意図しないユーモア）は，避けたいものです。CBSはあるとき，ダンス音楽を中断して，財界の大物の死を臨時ニュースで伝えたあと，音楽に戻ったところ，その曲が「I'll be Glad When You're Dead. You Rascal You.（あんたが死んだら，ワクワクするよ。この大悪党！）」だったので，ぎょっとしたそうです（Bliss & Hoyt, *Writing News for Broadcast,* p.42）。

　ニューヨーク・タイムスのコラムニスト，ジェームス・レストン氏によれば，中西部のある新聞の編集長は，見出し（ヘッドライン）のミスを見逃し，恥ずかしい思いをしたそうです。

　Man falls off bridge, Breaks both legs（男が橋から転落，両足骨折）が，
　Man falls off bride, Breaks both legs（男が花嫁から転落，両足骨折）になっていたとか（Reston, *Deadline,* p.42）。

　言葉の遊びで，ちょっと面白いと思うときがあります。Pan Am has flown into turbulence. パンアメリカン航空の経営が悪化した時のリードです。飛行機はときどき，乱気流（turbulence）に巻き込まれます。

　なぜか，CBSは言葉の遊びが上手です。ビール販売について論争がもちあがったときの画面の見出しに，At lagerheadsと書き，みんなをうならせたそうです。lagerとは，ご存知のようにビールの一種。at loggerheads（「論争中」）という，ニュースでよく使われる表現にかけたものです（Cohler, *Broadcast Journalism,* p.62）。The two countries are at loggerheads over the territorial right of the island.（二国は，島の領有権をめぐり争っ

193

ている）のように使われます。

　CBS Evening News の名物，On the Road シリーズは，長年，チャールズ・クロルトの旅のスケッチで人気がありました。そのシリーズの新世代，On the Road with Steve Hartman は，2012年3月25日（日本時間），バスケットボールの「びっくりシュート」を特集。"You are gonna be skeptical of what you are about to see."（これからご覧になることは，とても信じられませんよ！）のリードのあと，basketball artists の芸術的なシュートの映像が次々に披露されます。

　屋根の上や隣の庭からシュートするなどは，朝飯前。ローラースケートに乗って池越しに投げる。走っている自動車の上の篭に向けて投げる。トランポリンをしながら投げる。フットボール・スタジアムの3階から，小型飛行機から，とエスカレート。「これを仕事（a career）にして，お金を稼ぎたい」という人に，Hartman が，「A career? That's a long shot.」（「キャリア？　それは，ロング・シュートだね（ちょっと，難しいね）」）。これも，お得意の言葉の遊びですね。

　一般に，アメリカやイギリスの人は，言葉の遊びが好きです。ベトナム戦争中，ニクソン大統領が再選されたとき，私はウイスコンシン大学の学生だったのですが，朝登校すると，学生たちが口々に，「Good Morning!」ならぬ，「Good Mourning!（ご愁傷さま）」と挨拶しあっていました。ウイスコンシン大学は当時，ベトナム戦争反対運動の拠点の一つだったのです。キャンパスでよく集会が開かれていました。

　ハワイ大学東西センターにいたころ，グループ・リーダーのジョン・バッチョ氏はハンガリー系のハンサムな男性でしたが，大きな口でよくおしゃべりする方でした。この方が口髭を生やし始めたので，私は思わず，"That's good. It will hide his big mouth."と言ってしまいました。するとみんな，抱腹絶倒です。私は a big mouth が「おしゃべり」の意とは知らなかったのです。以来私は，"Takeko is catching up with American humor."と有名になりました。

　私は大笑いすることが大好きなのですが，アメリカに行った初めのころ，つらかったのは，ヒアリングに慣れておらず，みんなが何故笑っているのか，よ

く分からなかったことです。大学のキャンパスに大きな劇場があり，時々ドラマを見に行ったのですが，みんながどっと笑うとき，笑えません。悔しいので，分からないけど一緒に笑ったりしました。

　ところで，自分が笑うことより，もっと難しいのは，人を（言葉で）笑わせることだと気づきました。私が面白いと思って何か言っても，少しも笑ってくれません。もちろん，英語下手が第一の理由ですが，「笑い」には，微妙な文化の違いがあると気づきました。先の a big mouth は成功例ですが，これはちょっと品がなかったと思っています。

　一つ，大成功例があります。東西センターでは，ハワイ大学での一年間の勉強が終わると，夏はフィールド・スタディといって，アメリカ本土を旅行することができます。旅行計画は自由に立てていいという，夢のようなプログラムです。私はサンフランシスコからニューオリンズに行くことにしました。

　朝，サンフランシスコ空港で，ニューオリンズ行きの搭乗券をもらいに行くと，長い列が出来ています。やっと私の番になって，よろこんで金髪美人のお姉さんのカウンターに行きますと，彼女は，"This stupid computer…" と言いながら，手でコンピューターの頭をポンポンとたたいています。コンピューターのせいで，座席の割り当てがうまくいっていないのだそうです。しばらく愚痴を聞いていたのですが，私はとうとう，"Well, I guess it's only human."（「コンピューターも，人間ってことかな」）と言いました。すると彼女は，「ガハハッ！」と，周りの人がびっくりするような大声で笑いました。そんなに面白かったのでしょうか？……いずれにしても，私は金髪美人を爆笑させたことで，楽しくなりました。

　ついでに，その先のことを言いますと，ニューオリンズでは，Columns Hotel という，昔の南部のプランテーションの持ち主の邸宅だったホテルに泊り，そのホテルの前から，テネシー・ウィリアムズの戯曲で有名になった市電（「欲望という名の電車（A Streetcar Named Desire）」）に乗って町を往復し，ホテルに帰ってくると，泊り客が食堂に集まって，深刻な顔でテレビを見つめています。暗殺されたケネディ大統領の弟で，大統領候補のロバート・ケネディ氏が暗殺されたニュースを放送していたのです。

　次の日，ワシントンDCへ。アーリントン国立墓地に行くと，葬儀を取材

するためのテレビ用の高台が作られているところでした。その一年後，ウイスコンシン大学での勉強を終え日本に帰る前の７月，イリノイ大学の言語学セミナーに出席しているとき，ホールでアポロ11号の月面着陸のライブ報道を観ました。今考えると，私は，ベトナム敗戦前の，アメリカが最も難しく，また，最も輝いていた頃に，そこにいたのだな～と思います。

　ところで，サンフランシスコを舞台に，言葉と映像をうまく組み合わせて，面白さを出している，BBCの放送を見つけました。

● (BBC World, Nov. 19, 2010)

（Opening）

The world's tallest married couple is on a high as they enter the record book.
（世界一背の高いご夫婦，ギネスブック入りして「ハイ」の気分）
（画面に："On Cloud Nine"，On Cloud Nine とは，extremely happy の意）

（リード）

An American couple has been recognized officially as the world's tallest married couple. Richard Forre has this.
（アメリカのご夫婦が，世界一背の高い夫婦と認定されました。リチャード・フォアがお伝えします）

（VTR）映像
（サンフランシスコの坂を歩くカップル）

Like most couples after seven years of marriage, they have their ups and downs. But from most people's perspectives, they are always ups ....
（結婚７年ともなれば，どんな夫婦にもアップ・ダウンは＝いいことも，悪いことも＝あります。でも，他の人から見れば，この二人，いつもアップ）

第9章　What else?

映像では，二人の背の高い夫婦が，サンフランシスコの坂を歩いています。坂の ups and downs と結婚生活の ups and downs，そして，他の人々の視点からは，この二人はいつも ups（見上げるように背が高い，そして，いつもしあわせ）ということを，うまく組み合わせています。ちなみに，二人の身長は，合わせて13フィート4インチ（約4メートル7センチ）だそうです。

思わず笑ってしまうお話もあります。

Bothered by mosquitoes?
Well, two Indian scientists say they've found a product that'll drive mosquitoes away.
The product is garlic.
Of course, it may drive your friends away, too.
（蚊はもうたくさん？　インドの2人の科学者が，蚊を追い払えるものを発見したといっています。にんにくです。もちろん，にんにくは，友達も追い払うかもしれませんが）

(Cohler, *Broadcast Journalism*, p.65)

マローもときどき，ちょっと面白いことを言いました。1939年，ドイツのポーランド侵攻の直前，ベルリンのイギリス大使館職員が，急遽引きあげるべく，荷物を玄関ホールに積み上げてありました。その中にあったのは……

The most prominent article in the heavy luggage was a folded umbrella, given pride of placement amongst all the other pieces of baggage.
（重い荷物の中でひときわ目立ったのは，折りたたまれた雨傘。荷物の中で一番名誉の場所に，鎮座していた）

(Bliss, ed. *In Search of Light*, p.12)

イギリス人がいつも傘をもっているのを，アメリカ人の目から，面白いと思

っていたのでしょう。

　2012年6月,イギリスのエリザベス女王在位60年のお祝いがありました。雨の中,テームズ川を行く女王の船のまわりで,たくさんの小舟や岸の人々が,お祝い気分を盛り上げています。CBSの現地リポートです。

It was as British a celebration as you could possibly have, about royalty, nostalgia, tradition ... and a terrible weather.
(最高に「イギリス的な」お祝いでした。王家,郷愁,伝統……そして,ひどいお天気)

(CBS Evening News, June 4, 2012)

A little humor goes a long way.「ユーモアって,楽しい」ということですね。

おわりに ～未来へ～

　「英語ニュースを書く」という仕事を通して，私は多くのことを学びました。
　ニュースを書くときの，言葉への厳格なこだわり。出来事を「お話しする」ときの，さまざまな工夫の楽しさ。そして，一般に，英語でものを伝えるとき，情報をどのように整理し，どのような言葉で伝えたら，分かっていただけるか。今も，日々の生活を通して，楽しく学び続けています。
　一つ感じますのは，「ニュースの約束」として述べた三つの原則，「事実を正確に」，「事実と意見の峻別」，「偏らない立場から」は，私たち誰もが，一般的にものを伝えるとき，心しなければならない原則ではないかということです。特に，インターネット時代になって，誰もが「ニュースのようなもの」を伝える道具を得た今，とても大切なことと思います。
　その原則の基礎になるのは，事実と真実を幅広い視点から「見極める力」でしょう。それを含め，身の回りの出来事をどのようにとらえ，どのように伝えていくか。また，伝えられているニュースから何をつかみ，ニュースの何に気をつけていかねばらなないか。一言でいえば，「ニュースについての教育」を，学校教育の早い段階から，公民分野などに組み込んでいく必要があるのではないかと思います。
　そう思うのは，私自身が全くの素人でこの仕事に入ったからかもしれません。英語とニュースが好きなだけの人間が，「ニュースを価値あるものにするため，どのように書くべきか」……この厳しい問いに，真剣に取り組んできました。そこで思うのです。事実と真実についてのこの素晴らしいこだわりを，「プロのジャーナリスト」の間にだけ閉じ込めておくのはもったいないと。
　ジャーナリズムの原則を，常識として誰もが実行する社会。その上でなお，時間をかけて事実を掘り起こし，問題を提起するプロのジャーナリストの息の長い活動を支えていく社会。そのような社会が生まれればと願います。

謝　　辞

　まず，私がこの仕事を始めたときから，叱咤激励し教えて下さいました数々のNHKのデスク，リライター，ライターの方々に感謝いたします。

　本については，NHKグローバル・メディア・サービスの長田弘之様に，心からお礼を申し上げます。長田様には，NHKのニュース原稿の使用許可について，多大なご尽力をいただきました。また，原稿を厳しくチェックし，ニュースのプロとしてのご助言と，読者の立場からの適切なご指摘をいただきました。

　そして，長年にわたり，ニュース番組のお仕事をさせて下さいました，同じくNHKグローバル・メディア・サービスの飯田善二様，山口潔様，小野智史様，上野久美子様のみなさまに，深く感謝いたします。そのようなお仕事を通して幾多のヒントをいただいたからこそ，このような本が可能となりました。

　NHKの英語ニュースのアンカーを務めておられました大垣嘉彦様には，現場では，デスクとして厳しいご指導をいただき，この本については，適切なご助言と暖かい励ましをいただきました。「モモニュース」を書く仕事は，私がいろいろ変わったニュースを書くのが好きだとご存知の大垣様が，私に下さったもので，そのおかげでこの楽しい本を書くきっかけをいただきました。

　英文は，アメリカ人でリライター・映画評論家のドン・モートン (Don Morton) さんにチェックしていただきました。ユーモアのセンスの豊かな方で，私が原稿をもってスタジオに駆け込んだときはいつも，"Slow down. You go too fast." と，サイモン・アンド・ガーファンクルの "Feeling Groovy" を歌ってくれました。

　創英社/三省堂書店の編集一部部長の水野浩志様は，私がどう書こうかと悩むたびに，「後に続く人に何を伝えたいか。それだけを考えて書けばいいのです」とやさしく励まして下さいました。ビートルズの大ファンで，そのすてきなセンスと暖かいお心で，私のささやかな原稿を，「cool」な本にして下さいました。

　みなさまのお力がなければ，決して実現しなかった本です。本当にありがとうございます。

2015年4月

野々垣　武子

Acknowledgements

First of all, I would like to express my deepest gratitude to the many news editors, writers and rewriters at NHK for having given me basic instructions on how to write news in English.

During the process of writing this book, Mr. Hiroyuki Osada of NHK Global Media Services helped me to obtain approval to use NHK's news scripts. He read and checked my scripts and gave me precious advice as a news-writing professional and as a reader.

My deepest gratitude also goes to Mr. Yoshiji Iida, Mr. Kiyoshi Yamaguchi, Mr. Satoshi Ono, and Ms. Kumiko Agano of NHK Global Media Services. For years, they have given me work in various news programs. Without such opportunities, this book would never have been.

And I offer my special gratitude to Mr. Yoshihiko Ohgaki, who was an NHK English news anchor for years. As an editor, he was a stern yet considerate teacher. He kindly read my news scripts and offered invaluable advice. He knows I am interested in writing various kinds of news, and gave me the opportunity to write a series of very special local stories called "Momo News." It was while writing "Momo News" that I had the inspiration to write this book.

Mr. Don Morton, an American rewriter and movie critic, checked the English news scripts in this book. He is an excellent rewriter with a good sense of news and a great sense of humor. Every time I rushed into the studio with a script, he would sing, "Slow down, you go too fast" — from Simon and Garfunkel's "Feeling Groovy."

Mr. Hiroshi Mizuno, the editor-in-chief at So-ei-sha, encouraged me every time I found myself at a loss. He told me to concentrate on "what you want to tell those who come after you." He is a great fan of the Beatles. With his refined sense of music and a warm, considerate heart, he magically turned my humble manuscript into a "cool" book.

Takeko Nonogaki

参考文献

放送英語ニュースの書き方：

Bliss, Edward, Jr. and James L. Hoyt. *Writing News for Broadcast*. New York: Columbia University Press, 1994.

Bliss, Edward, Jr., ed. *In Search of Light: The Broadcasts of Edward R. Murrow, 1938-1961*. New York: Da Capo Press, 1997. Originally published by Alfred A. Knopf in 1967.

Boyd, Andrew. *Broadcast Journalism: Techniques of Radio and Television News*. Fifth Edition. Oxford: Focal Press, 2001.

Cohler, David Keith. *Broadcast Journalism: A Guide for the Presentation of Radio and Television News*. Englewood Cliffs, New Jersey: Prentice-Hall, Inc., 1985.

Evensen, Bruce J., ed. *The Responsible Reporter: Journalism in the Information Age*. Third Edition. New York: Peter Lang Publishing, Inc., 2008.

Garrison, Bruce. *Professional News Reporting*. Hillsdale, New Jersey: Lawrence Erlbaum Associates, Inc., 1992.

Hudson, Gary and Sarah Rowlands. *The Broadcast Journalism Handbook*. Edinburgh Gate, Harlow: Pearson Education Limited, 2007.

Kalbfeld, Brad. *Associated Press Broadcast News Handbook*. New York: McGraw-Hill, 2001.

MacDonald, Ron. *A Broadcast News Manual of Style*, Second Edition. White Plains, N.Y. : Longman Publishing Group, 1994.

Mayer, Martin. *Making News*. Boston: Harvard Business School Press, 1993.

Yorke, Ivor. *Basic TV Reporting*. London and Boston: Focal Press, 1990.

放送英語ニュースの歴史，ジャーナリズム一般，メディア論評：

Bliss, Edward, Jr. *Now the News: The Story of Broadcast Journalism*. New York: Columbia University Press, 1991.

Goldstein, Tom, ed. *Killing the Messenger: 100 Years of Media Criticism*. New York: Columbia University Press, 1989.

Halberstam, David. *The Powers That Be*. Urbana and Chicago: University of Illinois Press, 2000. Originally published by Alfred A. Knopf, in 1975.

Hewitt, Don. *Tell Me a Story: Fifty Years and 60 Minutes in Television*. New York: Public Affairs, 2001.

Hoskins, Andrew. *Televising War: from Vietnam to Iraq*. London and New York: Continuum International Publishing Group, 2004.

Koppel, Ted. *Off Camera: Private Thoughts Made Public*. New York: Alfred A. Knopf, 2000.

Lanson, Jerry and Barbara Croll Fought. *News in a New Century: Reporting in an Age of Converging Media*. Thousand Oaks, Calif. : Pine Forge Press, 1999.

Lowrey, Wilson and Peter J. Gade, eds. *Changing the News: The Forces Shaping Journalism in Uncertain Times*. New York and London: Routledge, 2011.

Reston, James. *Deadline: A Memoir*. New York: Random House, Inc., 1992.

Silberstein, Sandra. *War of Words: Language, Politics and 9/11*. London and New York: Routledge, 2002.

Sperber, Ann M. *Murrow: His Life and Times*. New York: Freundlich Books, 1986.

Zelizer, Barbie and Stuart Allan, eds. *Journalism After September 11*. London and New York: Routledge. 2002.

河村雅隆『放送が作ったアメリカ』ブロンズ新社，2011.

玉木　明『ニュース報道の言語論』洋泉社，1996.

林　香里『マスメディアの周縁，ジャーナリズムの核心』新曜社，2002.
藤田博司『アメリカのジャーナリズム』岩波新書183　岩波書店，1992.
『どうする情報源　報道改革の分水嶺』リベルタ出版，2010.
早稲田大学ジャーナリズム教育研究所【編】（代表＝花田達朗）『エンサイクロペディア　現代ジャーナリズム』早稲田大学出版部，2013.

英語の書き方・文章の書き方：
Flesch, Rudolf and A.H.Lass. *A New Guide to Better Writing*. (Original title: *The Way to Write*.) New York: Warner Books, 1989.
Strunk, William, Jr. and E. B. White. *The Elements of Style*. Fourth Edition. Boston: Allyn and Bacon, 2000. Earlier editions Macmillan Publishing Co., Inc.
Venolia, Jan. *Rewrite Right!: How to Revise Your Way to Better Writing*. Berkeley, Calif. : Ten Speed Press, 1987.
Zinsser, William. *On Writing Well: The Classic Guide to Writing Nonfiction*. New York: HarperCollins Publishers, 2006. ©1976.
池上　彰『伝える力：「話す」「書く」「聞く」能力が仕事を変える！』PHPビジネス新書028　PHP研究所，2007.
井上ひさし『井上ひさしと141人の仲間たちの作文教室』新潮文庫　新潮社，2001.
木下是雄『理科系の作文技術』中公新書624　中央公論社，2010（67版），1981（初版）
マーク・ピーターセン『日本人の英語』岩波新書（新赤版）18　岩波書店，1992.
マーク・ピーターセン『続・日本人の英語』岩波新書（新赤版）139　岩波書店，1992.

辞書：
Garner, Bryan A., Editor in Chief. *Black's Law Dictionary*. Abridged Seventh Edition. St. Paul, MINN.: West Group, 2000.

Hirsch, E.D. Jr., Joseph F. Kett and James Trefil. *The Dictionary of Cultural Literacy: What Every American Needs to Know*. Boston and New York: Houghton Mifflin Company, 1993.

Hornby, A. S. *Oxford Advanced Learners Dictionary*. Oxford: Oxford University Press, 2010.

Lindberg, Christine A. Compiled by. *The Oxford American Writer's Thesaurus*. Oxford and New York: Oxford University Press, 2004.

田中英夫（編集代表）「英米法辞典」東京大学出版会，2002年．

その他：

Capote, Truman. *In Cold Blood.: A True Account of a Multiple Murder and Its Consequences*. New York: Vintage International, A Division of Random House, Inc, 1994. Original ©1965.

Chomsky, Noam. *9-11, An Open Media Book*. New York: Seven Stories Press, 2001.

Hanyok, Robert J. "Skunks, Bogies, Silent Hounds, and the Flying Fish: The Gulf of Tonkin Mystery, 2-4 August 1964." *Cryptologic Quarterly* by the Center for Cryptologic History, NSA.

TOP SECRET//COMINT//X1. Approved for Release by USA on 11-03-2005, FOIA Case #43933.

Hemingway, Ernest. *A Moveable Feast*. The Restored Edition. London: Arrow Books, The Random House Group Limited, 2011. Origially published in 1964.

Lord Hutton. *The Hutton Report to the Rt Hon Falconer of Thoroton, the Secretary of State for Constitutional Affairs*, 2004.

Prados, John. "Essay: 40th anniversary of the Gulf of Tonkin Incident, posted on the National Security Archive on August 4, 2004.

Risen, James. *State of War: The Secret History of the CIA and the Bush Administration*. New York: Simon & Schuster, 2006.

青木　保『文化の翻訳』UP 選書　東京大学出版会，1978.

大治朋子『勝てないアメリカ―「対テロ戦争」の日常』岩波新書(新赤坂)1384 岩波書店, 2012.

TV Documentaries:

British Broadcasting Corporation. *A Fight to the Death.* BBC Panorama documentary series. London: BBC, 2004.
(NHK BS 世界のドキュメンタリー：『イラク報道の真実』)

Global Vision, U.S.A. *Weapons of Mass Deception.* 2004
(NHK BS 世界のドキュメンタリー：『検証 米メディアのイラク戦争報道』)

Kovno Communications／Insight Productions. *The Most Dangerous Man In America: Daniel Ellsberg and the Pentagon Papers, Part 1 & 2.* 2010.
(NHK BS 世界のドキュメンタリー：『アメリカで最も危険な男 〜ダニエル・エルズバーグの回想〜』)

British Broadcasting Corporation. *The Spies Who Fooled the World.* BBC Panorama documentary series. London: BBC, 2013.

Public Broadcasting Service. *Edward R. Murrow: This Reporter.* American Masters Series. Arlington, Virginia: PBS, 1991.

《著者プロフィール》

野々垣　武子

津田塾大学学芸学部英文学科卒業　トヨタ自動車
愛知県立豊田西高等学校英語教諭　同校在職中
ハワイ大学東西センターの奨学金を得て留学
ウイスコンシン大学大学院英語学部で修士号取得
神田外語学院講師　アメリカ大使館広報文化交流局
（USIS）翻訳官　英語ニュースライター　翻訳

『ハーバード流：交渉は世界を変える』共訳，荒竹出版，1998年

放送英語ニュースの楽しい世界

2015年5月11日　　　　　　初版発行

著者　野々垣　武子
発行・発売
創英社／三省堂書店
〒101-0051　東京都千代田区神田神保町1-1
Tel：03-3291-2295　　Fax：03-3292-7687
制作／印刷　（株）新後閑

©Takeko Nonogaki, 2015　不許複製　Printed in Japan
ISBN：978-4-88142-905-1　C0082
落丁，乱丁本はお取替えいたします。